发现之旅

动植物篇

新光传媒◎编译

Eaglemoss出版公司◎出品

FIND OUT MORE

鸟的世界

石油工业出版社

图书在版编目（CIP）数据

鸟的世界 / 新光传媒编译. —北京：石油工业
出版社，2020.3
　（发现之旅. 动植物篇）
　ISBN 978-7-5183-3148-2

　Ⅰ．①鸟… Ⅱ．①新… Ⅲ．①鸟类—普及读物 Ⅳ.
①Q959.7-49

中国版本图书馆CIP数据核字（2019）第035413号

发现之旅：鸟的世界（动植物篇）

新光传媒　编译

出版发行：石油工业出版社
　　　　　（北京安定门外安华里2区1号楼　100011）
网　　址：www.petropub.com
编 辑 部：（010）64523783
图书营销中心：（010）64523633
经　　销：全国新华书店
印　　刷：北京中石油彩色印刷有限责任公司
2020 年 3 月第 1 版　2020 年 3 月第 1 次印刷
889×1194 毫米　开本：1/16　印张：8.25
字　　数：105 千字
定　　价：36.80 元
（如出现印装质量问题，我社图书营销中心负责调换）

版权所有，翻印必究

编辑说明

　　"发现之旅"系列图书是我社从英国 Eaglemoss（艺格莫斯）出版公司引进的一套风靡全球的家庭趣味图解百科读物，由新光传媒编译。这套图书图片丰富、文字简洁、设计独特，适合 8 ~ 14 岁读者阅读，也适合家庭亲子阅读和分享。

　　英国 Eaglemoss 出版公司是全球非常重要的分辑读物出版公司之一。目前，它在全球 35 个国家和地区出版、发行分辑读物。新光传媒作为中国出版市场积极的探索者和实践者，通过十余年的努力，成为"分辑读物"这一特殊出版门类在中国非常早、非常成功的实践者，并与全球非常强势的分辑读物出版公司 DeAgostini（迪亚哥）、Hachette（阿谢特）、Eaglemoss 等形成战略合作，在分辑读物的引进和转化、数字媒体的编辑和制作、出版衍生品的集成和销售等方面，进行了大量的摸索和创新。

　　《发现之旅》（FIND OUT MORE）分辑读物以"牛津少年儿童百科"为基准，增加大量的图片和趣味知识，是欧美孩子必选科普书，每 5 年更新一次，内含近 10000 幅图片，欧美销售 30 年。

　　"发现之旅"系列图书是新光传媒对 Eaglemoss 最重要的分辑读物 FIND OUT MORE 进行分类整理、重新编排体例形成的一套青少年百科读物，涉及科学技术、应用等的历史更迭等诸多内容。全书约 450 万字，超过 5000 页，以历史篇、文学·艺术篇、人文·地理篇、现代技术篇、动植物篇、科学篇、人体篇等七大板块，向读者展示了丰富多彩的自然、社会、艺术世界，同时介绍了大量贴近现实生活的科普知识。

　　发现之旅（历史篇）：共 8 册，包括《发现之旅：世界古代简史》《发现之旅：世界中世纪简史》《发现之旅：世界近代简史》《发现之旅：世界现代简史》《发现之旅：世界科技简史》《发现之旅：中国古代经济与文化发展简史》《发现之旅：中国古代科技与建筑简史》《发现之旅：中国简史》，主要介绍从古至今那些令人着迷的人物和事件。

发现之旅（文学·艺术篇）：共5册，包括《发现之旅：电影与表演艺术》《发现之旅：音乐与舞蹈》《发现之旅：风俗与文物》《发现之旅：艺术》《发现之旅：语言与文学》，主要介绍全世界多种多样的文学、美术、音乐、影视、戏剧等艺术作品及其历史等，为读者提供了了解多种文化的机会。

发现之旅（人文·地理篇）：共7册，包括《发现之旅：西欧和南欧》《发现之旅：北欧、东欧和中欧》《发现之旅：北美洲与南极洲》《发现之旅：南美洲与大洋洲》《发现之旅：东亚和东南亚》《发现之旅：南亚、中亚和西亚》《发现之旅：非洲》，通过地图、照片和事实档案等，逐一介绍各个国家和地区，让读者了解它们的地理位置、风土人情、文化特色等。

发现之旅（现代技术篇）：共4册，包括《发现之旅：电子设备与建筑工程》《发现之旅：复杂的机械》《发现之旅：交通工具》《发现之旅：军事装备与计算机》，主要解答关于现代技术的有趣问题，比如机械、建筑设备、计算机技术、军事技术等。

发现之旅（动植物篇）：共11册，包括《发现之旅：哺乳动物》《发现之旅：动物的多样性》《发现之旅：不同环境中的野生动植物》《发现之旅：动物的行为》《发现之旅：动物的身体》《发现之旅：植物的多样性》《发现之旅：生物的进化》等，主要介绍世界上各种各样的生物，告诉我们地球上不同物种的生存与繁殖特性等。

发现之旅（科学篇）：共6册，包括《发现之旅：地质与地理》《发现之旅：天文学》《发现之旅：化学变变变》《发现之旅：原料与材料》《发现之旅：物理的世界》《发现之旅：自然与环境》，主要介绍物理学、化学、地质学等的规律及应用。

发现之旅（人体篇）：共4册，包括《发现之旅：我们的健康》《发现之旅：人体的结构与功能》《发现之旅：体育与竞技》《发现之旅：休闲与运动》，主要介绍人的身体结构与功能、健康以及与人体有关的体育、竞技、休闲运动等。

"发现之旅"系列并不是一套工具书，而是孩子们的课外读物，其知识体系有很强的科学性和趣味性。孩子们可根据自己的兴趣选读某一类别，进行连续性阅读和扩展性阅读，伴随着孩子们日常生活中的兴趣点变化，很容易就能把整套书读完。

目录 CONTENTS

鹫

　　鹫从来不浪费食物。它们喜欢吃腐肉，而且通常会把动物的尸体吃得精光——无论是柔软的下腹肉，还是坚硬的骨头和蹄子，都会被吃得一丝不剩。

　　很多人都认为鹫是一种脾气暴躁、聒噪的鸟。在非洲草原上，它们通常为了争夺狮子吃剩的动物尸体而发生"争吵"。在一些西部影片中，只要高空中出现鹫的身影，就意味着接下来的情节里将有"麻烦"出现。一些鹫的进食方式非常复杂。棕榈鹫是"素食主义者"，主要以油棕的果实为食。

　　生活在北美洲和南美洲的鹫被称为新大陆鹫，属于美洲鹫科；其余的鹫被称为旧大陆鹫，属于鹰科（还包括鹰、雕、鸢）。新大陆鹫与旧大陆鹫不同，它们的鸣管不发达，近乎"哑巴"。此外，它们的鼻孔是相通的。

　　鹫的钩状喙比较大，能撕裂猎物的肉。鹫的头部和颈部通常裸露，这便于它们把头伸入尸体体腔，掏食内脏。它们分泌的消化液可以将猎物的骨头分解。鹫通常能把动物的尸体吃得一干二净，因此被人们誉为鸟类中的"清道夫"。

◀ 这只雄健的康多兀鹫已经在高空中飞行了好几个小时。它利用上升暖气流毫不费劲地飞越了安第斯山脉。

新大陆鹫

现存的新大陆鹫有 7 种，包括雄健的康多兀鹫和濒临灭绝的加州兀鹫。近年来，人类采用圈养繁殖的方法，已经将加州兀鹫从濒临灭绝的边缘拯救回来。康多兀鹫也很稀少，但是分布比较广泛，在整个安第斯山区都能看见它们的踪影。康多兀鹫是世界上最大的猛禽，其翼展宽达 3 米多。它们具有高超的飞行技巧，但是由于体形庞大，它们很难从地面上起飞，尤其是饱餐之后。

王鹫和红头美洲鹫也属于新大陆鹫。王鹫的羽毛为杂色，头部特别鲜艳。红头美洲鹫分布极其广泛，从加拿大的南部地区到智利的最南端，都有它们的踪影。

▲ 王鹫的头部非常鲜艳，它们的嗅觉高度发达，即便在很远的地方也能够闻到腐肉的味道。

旧大陆鹫

在非洲，通常能看到成群的鹫聚集在动物的尸体四周，这时的它们似乎陷入混战状态。实际上，在它们之间存在

▲ 骨髓是胡兀鹫最喜爱的食物之一，它们先把骨头携到高空，然后将其扔向岩石，如此反复，直到把骨头摔碎，露出骨髓。

▲ 成群的粗毛兀鹫聚集在动物的尸体周围，仿佛陷入混战状态。实际上，它们在取食时遵循着严格的等级秩序，那些个头大、身体壮的粗毛兀鹫总是先进食。

▲ 有的鹫喜欢成群地栖息在一起，如白背兀鹫。有的鹫喜欢单独或者成对栖息，比如肉垂秃鹫。

"啄序"关系。通常，白头鹫最先找到猎物。白背兀鹫和肉垂秃鹫随之而至，尤其是肉垂秃鹫，它们的喙十分有力，能将尸体的皮肉撕裂。再之后是粗毛秃鹫，这种鹫富有攻击性，喙比较大，颈部也比较长，因此可以掏食内脏。这些大型鹫会把一些比较小的肉体碎片，留给体形相对较小的白兀鹫和头巾兀鹫食用。白兀鹫有一项特殊的本领——把石头扔到鸟蛋上，将鸟蛋砸开。

胡兀鹫栖息在岩石山区，给人们留下的印象最为深刻。骨髓是胡兀鹫最喜爱的食物之一。为了吃到骨髓，它们先将骨头携到 30 ～ 60 米的高空，然后松开骨头，让其落到光秃秃的岩石上。如此反复，直到骨头被摔碎。

在印度，通常能看到成群的鹫聚集在乡镇周围啄食腐肉。

你知道吗？

与众不同的胡兀鹫

胡兀鹫是一种大型猛禽，体长在 1 米以上。与其他鹫不同，胡兀鹫的头颈部长满了羽毛。在它的嘴角下面还生有一小簇黑黝黝的刚毛，看上去如同胡须。因此，在民间，这种鸟又被称为"胡子雕"。

猎鸟

从温顺的母鸡，到在火山洞中产蛋的黑黝黝的冢雉，再到森林中色彩最艳丽的鸟儿——孔雀，它们都是猎鸟。猎鸟是世界上最不同寻常、最引人注目的鸟儿。

猎鸟属于鸡形目。鸡形目中有六个科：冢雉科、凤冠雉科、吐绶鸡科、松鸡科、珠鸡科，以及数量众多的雉科。尽管每个科中的鸟儿都会有所不同，但是，大多数猎鸟都很矮壮结实，并且长有小小的脑袋、强健的肢。它们的翅膀短而圆，喙部尖而结实，主要在地面上进食。它们会在地上寻找种子和其他的绿色植物，也会吃幼虫和昆虫，尤其是它们的雏鸟，是以昆虫为食的。

最与众不同的猎鸟是冢雉科的猎鸟。它们的外表色彩为浅褐色，长得很像鸡，生活在东南亚、澳大利亚以及太平洋地区。在筑巢的过程中，它们逐渐形成了自己非常独特的孵蛋方式。它们会建一个大大的土冢，并在上面铺好几层腐烂的植物和沙子，然后，就在这里面产蛋。它们会通过小心地在蛋上面覆盖其他东西，或者把蛋上所覆盖的其他东西移开，来调节蛋的温度，使蛋能够保持正常的温度。当雏鸟从蛋里孵出来时，它们差不多已经能够飞了。

冠雉和凤冠雉是生活在南美洲的猎鸟。它们生活在树上，是一种非常易受惊吓的鸟。它们中的某些种类，现在已经很稀有了。

▲ 雄性野鸡的颜色比雌性野鸡的颜色鲜艳得多。当雌性野鸡坐在巢里边的时候，它们需要很好的伪装，而雄性野鸡会在求爱的时候，展示它们那极其华美的羽毛。

中国的斗鸡

　　两只生活在中国中部地区的雄性锦鸡，正在凶猛地用它们的距（鸟腿上的针刺状的突起）互踢对方，以争夺领地。当一只雄性锦鸡建立并成功地保护了自己的领地后，就会通过展示自己颈部的金色羽毛以及长长的尾巴，来向雌性求爱。

勇敢的锦鸡
在交配期，大多数的雄性锦鸡都会捍卫自己的领地，在它们的领地里，有非常适合求爱表演的地方，还有供它和雌性锦鸡食用的足够的食物。它会用腿上的距赶走领地上的所有入侵者。

体形较大，并且更为人们所熟知的一种猎鸟是普通的火鸡。虽然它们在世界范围内被广泛饲养，并作为圣诞节宴席中的必备食品而被繁殖，但是，野生的火鸡仅仅生活在北美洲灌木丛生的、开阔的地区。一只雄火鸡会"拥有"好几只雌火鸡。为了吸引雌火鸡，雄火鸡会进行精细的求爱表演，它们会将自己的肉垂膨胀起来，大摇大摆地来回走动，并发出"咯咯"的叫声。

不同的羽毛

松鸡已经适应了北半球的严寒的气候。它们的腿上和鼻孔上都长有羽毛，这样可以帮助它们保暖。由于大多数的松鸡都生活在开阔的、没有树木的乡野里，所以通常它们羽毛的颜色都会和周围环境的颜色很相近。某些种类的松鸡有两种不同颜色的羽毛。雷鸟是一种生活在山区和荒野中的鸟儿，它们有三种不同颜色的羽毛：生活在冬季的雷鸟，羽毛几乎是纯白色的，这样它们就可以在白雪覆盖的环境中藏身了；生活在

你知道吗？

紫冠雉

紫冠雉是生活在南美洲的一种猎鸟，它们会沿着树木的枝丫奔跑，摘取无花果、浆果以及树叶。在进行求爱表演时，雄性紫冠雉会发出大大的"嗡嗡"声，并且快速地拍打着翅膀。许多冠雉和凤冠雉都长有羽冠，它们的喙上长有奇特的肉垂。

嘎嘎、砰砰和汩汩声

松鸡是生活在北欧地区的一种大型的猎鸟。它们生活在山区的松叶林中。松叶树的嫩芽、青草、浆果，以及像杜松、树莓和悬钩子这样的果实，都是它们的主要食物。它们也吃昆虫的幼虫、蚂蚁，以及蜘蛛。

雄性松鸡的重量可以达 6.5 千克。它们会进行非常奇特的求爱表演。在求爱的时候，它们会摆出一种将尾巴挺得直直的姿势。它们会把脖子伸展得直直的，喙朝向天空，并发出大大的叫声——这是鸟类世界中最奇怪的叫声之一。在这种叫声中，先是"嘎嘎"声，然后变成"砰砰"声，接着是像液体流动的"汩汩"声，最后是像磨刀一样的声音。

欢快的表演

　　雄性艾松鸡有两个气囊，在求爱表演时，当它发出"隆隆"的叫声并举起尾扇的时候，这两个气囊就会鼓起来。在许多雄性艾松鸡的领地上，一些叫声最大的雄鸟，可以成功地和很多雌鸟进行交配。

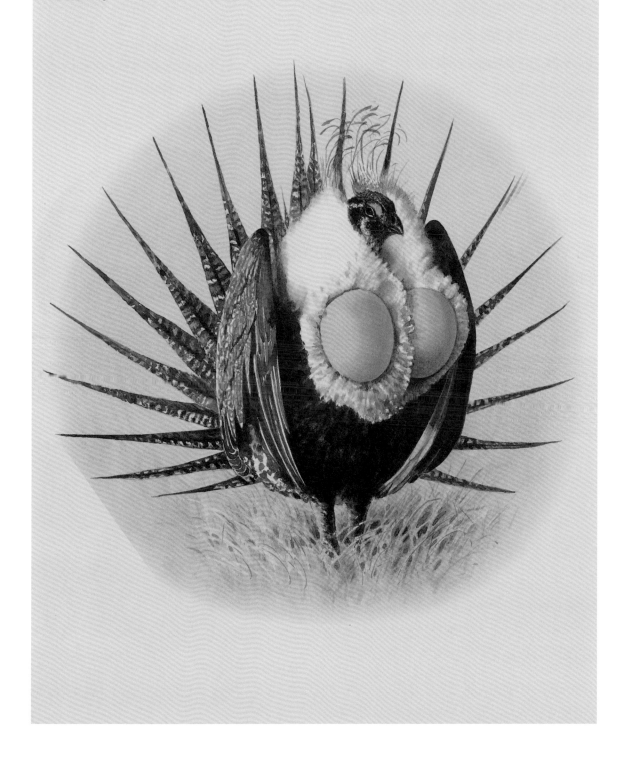

夏季的雷鸟，羽毛略带褐色，与岩石以及石南属植物的颜色花纹很好地融合在了一起；到了秋季，雷鸟的羽毛又变成了灰色，并逐渐长出一些白色的斑纹。处于交配时期的雄性猎鸟的羽毛颜色，可以夹杂一些杂色，并且它们眼睛上方的肉冠是鲜红色的。处于这一时期的雄鸟，通常会在特别的地方进行求爱和地盘性防卫表演，而在这个特殊的地方，一只占统治地位的雄鸟可能会和好几只雌鸟进行交配。雄鸟不参与孵蛋以及抚养雏鸟，正因为这样，雄鸟的羽毛可以非常鲜艳、显眼，而雌鸟的颜色则较为单调、不显眼，这样，雌鸟才可以很好地隐藏在巢中。

在进行表演的时候，雄性松鸡会把尾部的羽毛展开，把翅膀垂到地上。它们还能制造出一系列很特别的声音，很像一连串的"嘎嘎"声以及很大的"砰砰"声。生活在北美洲的艾松鸡也能进行相当奇特的展示，它们会把喉囊和胸部鼓起来，发出"隆隆"声和"砰砰"声。

精致的羽毛

在野鸡家族中，有很多猎鸟，从小鹌鹑（它们中有一些是候鸟）到生活在亚洲森林和山区中的外表华丽的野鸡，都是猎鸟。在它们当中，最为人们熟悉的可能是普通的野鸡，它们在世界各地繁殖、生长。就像这个家族中的大多数成员一样，雄鸟的颜色非常艳丽，并且在头部和颈部有色彩斑斓的羽毛。它们还有鲜红色的肉质眼斑和肉冠。白腹锦鸡的颜色甚至更鲜艳，它们的身上有黑白色的花纹，头部和背部有蓝色、绿色以及红色的羽毛，并且有着很长的银色的尾巴。令人遗憾的是，这种非常奇

▲ 许多种类的美洲鹌鹑，都长有羽冠。图中这只加利福尼亚鹌鹑正在玩耍它的"帽子"。鹌鹑通常是生活在地面上的鸟儿，但是，这种鹌鹑则栖息在茂密的树木上。

▲ 图中这种苏格兰雷鸟，是人们猎捕射击的主要目标。它们是一种好看的，在地面上筑巢的猎鸟。它们在高高的石南树丛中的栖息地上，能够很好地伪装自己。

◀ 由于冬天的来临，雷鸟的羽毛正在改变颜色。夏天的时候，这种生活在高纬度的鸟儿那褐色的带有斑点的羽毛，会变成灰色，然后在冬天，又会变成白色，这样可以很好地和白雪融合在一起。

▲ 生活在东南亚森林中的雄性和雌性红原鸡，在地面上挖掘、啄食食物。红原鸡看上去非常为人们所熟悉，这是因为它们是农场中饲养的家鸡的祖先。据1985年的统计，世界上大约有85.92亿只鸡，每周，它们大约会产下116亿枚鸡蛋。

特的鸟儿生活得非常隐秘，而且在开阔的地带很少能见到它们。它们的原产地是中国和东南亚地区。

在猎鸟中，孔雀的表演和展示最夸张。这种非常美丽的鸟儿有着耀眼的尾部羽毛，它们已经被引进到了世界各地的公园、动物园，以及一些（开放供参观的）豪华古宅中。它们最初生活在南亚的森林当中。在同一个地区，还生活着现在农场中饲养的家鸡的祖先——红原鸡。这是一种生活得很隐秘的鸟儿，它们主要生活在竹林丛中以及森林空地中，不过，仍能显露出与现在的家鸡有相似之处。人们认为，大约在公元前3200年，在印度，这种鸟儿可能就已经被驯养出了各种不同的种类。

珠鸡也是在几千年前就已经被人类驯养了。与野鸡不同的是，它们主要生活在非洲开阔的草地和灌木丛中。它们的头部有大片裸露的皮肤（通常是蓝色的），而身上长着引人注目的带有斑点的蓝色、灰色和白色的羽毛。它们大群地聚在一起走来走去，以地面上的种子、水果以及昆虫为食。

生活在东南亚的大眼斑雉有着非常奇特的求爱方式，它们在求爱的时候要展示巨大的次级飞羽和尾巴。它们的羽毛上带有金色的眼状斑纹。雄鸟会将自己的羽毛展开，来向色彩单调的雌鸟展示它的眼状斑纹。

喜马拉雅山上的鸟儿

　　世界上最华丽的野鸡，是生活在喜马拉雅山区的血雉。人们之所以这样称呼它们，是因为它们看起来，就好像有鲜血正从胸部羽毛上滴下来。它们生活在喜马拉雅山上遥远的高高的针叶林中。暗腹雪鸡生活在世界上一些最高的山脉上，它们以草和莎草的种子为食。棕尾虹雉的羽毛的颜色是所有野鸡中最艳丽的，它们的身体上长着紫色、蓝色和绿色的羽毛，尾巴呈橙色，并长着优美的羽冠。它们也生活在亚洲地区的高高的森林中。

▼　这群鹫珠鸡排成一行大踏步地走着。这种脖子瘦瘦的非洲鸟儿，沿着森林的边界成群地走着，在它们的身后通常会跟着一群猴子，捡食它们落下的果实。

鸽子

公元前4500年，鸽子就已经出现在伊拉克人的菜肴中了，而且它们的肉至今仍然会在某些馅饼中出现。在鸽子的其他用途中，它们还以"信使"而闻名，而且它们也会被用来进行体育竞赛。

在乡镇的公园和广场上，那些成群地拥挤着寻觅食物的野鸽子，是这群鸟儿中的代表——它们矮矮胖胖的，长着小脑袋，步履蹒跚。然而，它们却是飞行健将。几个世纪以来，人们因为它们的速度和非凡的导航能力而驯养它们。直到第二次世界大战，在其他的通信方式都不能被使用的时候，人们仍然可以把专为体育比赛而训练的鸽子用来携带重要情报。

▲ 这只雄性扇尾鸽（右）大摇大摆地走着，"咕咕"地叫着，摆着各种各样的姿势，它的尾巴展开，胸部鼓成了一个刀把形。大多数雄性鸽子都沉湎于这种夸张的表演。

鸽子家族

今天，全世界的家鸽、野鸽和沙鸡大约有 320 个不同的种类，它们都属于鸽形目。鸽形目的鸟儿以种子、水果和树叶为食。

渡渡鸟是一种不会飞的鸽形目鸟，现在已经灭绝了，它们曾经生活在印度洋中的岛屿上。生活在毛里求斯的渡渡鸟大概是在 17 世纪末叶灭绝的，这是造访这些岛屿的海员们捕猎以及引进有害物种导致的结果。

北美洲的旅鸽是在 1914 年灭绝的。它们曾经一度被认为是世界上数量最多的鸟儿。19 世纪的美国鸟类学家奥特朋曾经描绘道：当它们迁徙的时候，它们的数量如此之多，以至于它们飞掠的天空，持续数小时都是黑压压的。1914 年这些旅鸽灭绝了，它们中的大部分都是被射杀的。

▲ 在所有的鸽子中，最大的是新几内亚的维多利亚凤冠鸠。这只雄性鸟儿最吸引人的部分是它那华丽的柔软而蓬松的羽冠，它把羽冠竖起来展示给自己的配偶看。雄鸟还会把一只翅膀摆成空手道似的姿势来保卫自己的领地。

你知道吗？

修道士和杂技演员

所有的家鸽都来源于生活在遥远的海岸悬崖边的野生原鸽。但是人类也利用一些特征典型的鸽子驯养出了一些新的品种，形成了一些奇异的种类。毛领鸽有着与众不同的羽毛——它们头部和颈部的羽毛朝前伸，形成了一条"头巾"，就像是多米尼加的修道士戴的那种头巾。凸胸鸽长着膨胀得有点夸张的胸部；扇尾鸽有着大大的尾巴，它们的尾巴可以竖起来并且可以像扇子一样打开。当这种鸟儿大摇大摆地走着时，它还会试着把自己的脑袋朝后弯，直到触及它那扇子般的尾巴。在鸽子中，有一些最古怪的种类——杂交品种，它们是翻头鸽，可以在空中向后翻跟头，就像荡秋千的杂技演员一样。

大开眼界

沙地上的海绵

与大多数别的鸟儿相比，鸽子的饮水方式别具一格。其他的鸟儿通常会饮一喙的水，然后把头向后甩，从而把水滴送进自己的喉咙。但是，鸽子却把它们的喙当成泵来使用，用喙直接把水吸进自己的喉咙。

沙鸡生活在半沙漠地区，为了寻找水源，它们每天可能要飞好几千米。它们能够将水储藏在它们那柔软的腹部羽毛上，并通过这种方式把水从很远的地方携带回来喂养自己的小鸟。

少量的颜色

沙鸡主要生活在非洲和亚洲那些干燥的开阔的栖居环境之中。它们的羽毛极其完美地与它们周围环境中的茶色融合在一起。家鸽和野鸽都在树上筑巢，它们用从食物中产生出来的一种乳汁（称为"鸽乳"）来喂养幼鸽。这使某些种类的鸽子全年都能哺育它们的子女。生活在欧洲和亚洲的斑尾林鸽以农作物为食，现在它们已经成为一些地区主要的具有破坏性的鸟类。

大多数北半球的鸽子都具有保护色（伪装色），而在澳大利亚以及印度洋的周围地区，有许多奇异的种类，它们长着鲜艳的羽毛，并且具有奇怪的生活习性。热带鸽和果鸠样式繁多而且颜色也很多样。而生活在澳大利亚干燥的岩石内陆地区的栗色的冠翎岩鸠则伪装得很好。这些长有高高的冠毛的鸟儿经常会在地上急跑一段距离，以及进行

▲ 尼柯巴鸠以它那像粗糙的雨布一样的胸部羽毛而闻名。它们生活在南亚和东亚的森林岛屿上。在那里，它们是落在地面上的水果和种子的唯一寻觅者。它们那强健的砂囊使它们能够食用非常坚硬的坚果。

▲ 一只雄性的紫冠鸽，正坐在它那位于澳大利亚昆士兰州雨林中的巢穴里。许多热带鸽和果鸠都有着鲜艳的颜色，但是它们那艳丽的翅膀却能令人吃惊地融合于雨林的天篷中。

短暂的、低低的俯冲，偶尔间，它们的两翼会伴随俯冲来回拍打。它们经常会聚集在水洞前饮水。

有一些鸽子很稀有，而且过着隐秘的生活，人们对它们所知甚少。最特别的是新几内亚的蓝凤冠鸠。它们是一种大型的、蓝灰色的鸟儿（能长到70～75厘米长），长着像扇子一样的羽冠。它们主要生活在丛林中的地面上。在进行表演的时候，雄性冠鸠会将它的羽冠和尾巴展开，并发出"隆隆"的声音。

鹦鹉

虎皮鹦鹉的原产地是澳大利亚的内陆地区，但是在世界各地房屋前摇摆的鸟笼里，我们都可以看到它们的踪影。这些喧闹的家伙以尖利的叫声和长串的"话语"声而闻名。

绯红金刚鹦鹉是飞行健将，总是拖曳着长长的尾羽飞来飞去。在飞行中，绯红金刚鹦鹉会大声地"交流"，它们的叫声回荡在南美低地的森林里。

鹦鹉是所有鸟类中最为人们所熟悉的。约在公元前 320 年，亚历山大大帝把月轮鹦鹉从印度带回了欧洲，从此鹦鹉就因色彩鲜艳、长寿、会模仿人类的声音而深受欧洲人的喜爱。在漫长的岁月中，鹦鹉一直陪伴着人类，不管是国王还是海盗。

全世界有 300 多种鹦鹉，它们都属于鹦形目。它们有着大大的、弯曲的上喙，并且上喙包裹着较小的下喙。和大多数鸟类不同，鹦鹉的上喙非常强健，能够独立活动。它们的舌头强劲有力，而且通常都是勺子形状的。它们的脚和啄木鸟的一样，都是两个脚趾朝前，两个脚趾朝后。它们的羽毛非常漂亮，常常是明亮的红色和绿色，还有一些鹦鹉的羽毛是亮蓝色甚至明黄色的。雄鸟和雌鸟的外表非常相似，但是也有例外。两性外表差异最显著的鹦鹉是澳大利亚的折衷鹦鹉——雄鸟是翠绿色的，而雌鸟是深红色的。鹦鹉是一种寿命很长的鸟。有一只名叫"库克"的雄性葵花凤头鹦鹉在 1982 年死于伦敦公园时，它已经有 80 多岁了。这是已知的活得最长的鸟儿。

野生群体

鹦鹉有许多品种，比如长尾的吸蜜鹦鹉和玫瑰鹦鹉，或者大型的澳大利亚凤头鹦鹉。但是，最大也最漂亮的鹦鹉是南美的金刚鹦鹉。生活在巴西和玻利维亚森林中的紫蓝金刚鹦鹉足有 1 米长，美丽异常，而生活在新几内亚的侏鹦鹉的长度还不到前者的十分之一。侏鹦鹉主要吃昆虫、苔藓和菌类，在蚁丘中筑巢。大多数鹦鹉都生活在热带地区以及南半球。

如今，北美和欧洲的大部分地区都已经没有野生鹦鹉了，尽管有一些被人们放飞的鹦鹉在野外成群生活在一起。例如，在英国南部和欧洲西部的一些城市里，一些小群的月轮鹦鹉已经生存了好几十年了。在北美，人们在东海岸的森林里发现了卡罗来纳长尾鹦鹉，但是在 20 世纪早期，由于人们的射杀，它们濒临灭绝。为了保护庄稼，也出于食用目的，人们还大肆猎杀了厚嘴鹦鹉，好在后来经过人工饲养繁殖，它们又被放飞到老家亚利桑那地区。人们还在迈阿密和洛杉矶发现了一些成群的野生鹦鹉，比如虎皮鹦鹉和僧鹦鹉。

刷子和核桃钳子

大多数鹦鹉都擅长食用各种各样的水果。它们能够用爪子抓住食物，并用它们那非同寻常的喙将水果剥开。金刚鹦鹉甚至能够剥开坚硬的巴西坚果。强劲有力的舌头能够帮助鹦鹉碾碎坚硬的果仁。有一些吸蜜鹦鹉，比如色彩艳丽的虹彩吸蜜鹦鹉，它们的舌头尖端有着像刷子一样的结构，可以帮助它们从花朵上收集花蜜和花粉。

金刚鹦鹉吃各种各样的水果。其中有些水果有很强的毒性，所以它们会频繁地光顾一些地区，这些地方的表层土壤含有某种矿物质。它们会舔食这种黏

飞行中的亮点

作为一只鹦鹉，新西兰的啄羊鹦鹉的外表显得很邋遢。不过在飞行中，它翅膀内侧鲜艳的羽毛会完全展露出来，使它全身闪耀出动人的光彩。这种大型鹦鹉用长长的、钩状的喙取食水果、挖掘根茎，甚至撕下死去的动物的皮肉。

你知道吗？

鹦鹉的语言

许多鸟类都因会"说话"而声名远扬，其中最喋喋不休的恐怕要数黄头亚马孙鹦鹉了，而最会阿谀奉承的是非洲灰鹦鹉。一只名叫"普鲁德莱"的雌性非洲灰鹦鹉在伦敦的国际笼养鸟展示中，连续 12 年夺得桂冠。这只鹦鹉能说大约 800 个英文单词，在它"退休"前，还没有任何一只鸟能超越它。

▲ 这只虹彩吸蜜鹦鹉正在吃一枚莓果。和其他的吸蜜鹦鹉一样，这种鹦鹉也有着刷子般的舌尖，有时候它会用舌头来取食花蜜和花粉。

▲ 鹦鹉是唯一能在吃东西的时候用脚抓住食物的鸟。这只紫蓝金刚鹦鹉有着无比发达的喙，足以剥开最坚硬的坚果。它那锐利的喙尖可以用来整理羽毛。

土，从而帮助消化有毒的食物。

　　更为可怕的是新西兰的啄羊鹦鹉，它们有着长长的像镰刀一样的喙，而且姿态古怪。这种鹦鹉的食谱比大多数同类都要丰富多彩。冬天，它们在死亡或垂死的动物身体上食用腐肉，它们用尖锐的上喙刺穿并撕食腐肉。啄羊鹦鹉还能把喙当作铁锹之类的工具，去挖掘植物的根。在新西兰的部分地区，这种适应性极强的鸟给人们带来了很大的麻烦，它们热衷于破坏自己的"势力"范围内的一切东西，从废弃的垃圾到停泊的汽车，包括汽车的雨刷。啄羊鹦鹉的食腐习性使人们认为它们是杀害绵羊的杀手，它们因此被捕杀至濒临灭绝，直到10多年前才被保护起来。啄羊鹦鹉的亲戚——卡卡鹦鹉生活在森林中，也长着长长的、钩状的喙。

　　新西兰还有一种生活方式与众不同的鹦鹉——不会飞的鸮鹦鹉。这种大型鹦鹉的习性很像生活在地面上的猫头鹰，只在夜晚出来活动。和大多数鹦鹉不同的是，雄性鸮鹦鹉会在某些特定的地点进行奇怪的夜间求爱展示。它们会在地面上刮擦出一个浅浅的坑，并用它来扩

爱的呼唤

鸮鹦鹉是一种生活在新西兰的不会飞的大型鹦鹉。雄鸟通常会在地面上的浅坑里进行求爱展示。它那洪亮的叫声可以吸引5千米以外的雌鸟。

夜晚的羊肉

生活在山上的啄羊鹦鹉有时候会在夜晚跳到绵羊身上去，可能是为了啄食它们身上的扁虱。但是人们怀疑它想啄食羊肉，于是许多啄羊鹦鹉遭到射杀。不过现在，这种鸟已经受到了保护。

大音量，这样，它们发出的一长串鸣叫声在四五千米以外都能听见。雌鸟被叫声吸引过来，并在交配之后独自抚养幼鸟。它们的巢筑在地面上。欧洲人将猫和老鼠之类的哺乳动物带到了此地，导致这种奇特的鹦鹉险些灭绝。如今，它们只生活在几个远离新西兰的没有天敌的岛屿上。

有声电影

最有名的一种鹦鹉是非洲灰鹦鹉。在西非的野外，这种鸟以庞大的社会性群体生活在一起，并且，它们模仿人类声音的能力使它们成为最受人类欢迎的鹦鹉之一。据说英国国王

▼ 花头鹦鹉生活在印度。它在用爪子抓住树枝的同时，还会用喙咬住另一根树枝。这种鹦鹉很擅长攀爬，能够用足和喙在树枝间攀缘。花头鹦鹉的喙就像是它的第三只脚。

漂亮的"卡卡"

卡卡鹦鹉生活在新西兰的森林里，它是啄羊鹦鹉和鸮鹦鹉的近亲。它的名字"卡卡"来自它那嘶哑的叫声。

▲ 这只生活在印度尼西亚的雌性喋喋吸蜜鹦鹉在用喙给水果剥皮时，双脚抓紧了树枝。

你知道吗？

危险的处境

对稀有鹦鹉的买卖行为会导致它们的灭绝。人类砍伐树木，也会使某些鹦鹉因丧失栖息地而面临绝种的危险。生活在巴西的美丽的斯比克斯金刚鹦鹉由于被人类猎杀而数量锐减，到 1987 年，这种鹦鹉在野外只剩下一只了。2000 年，当地人发现，最后一只斯比克斯金刚鹦鹉也不知去向了。据说如今全世界共有 60 多只笼养的斯比克斯金刚鹦鹉，人们正在尝试通过人工繁殖来增加它们的数量。

▲ 大多数鹦鹉都在树洞里筑巢并产卵，尽管金肩鹦鹉生活在白蚁的蚁丘之中。和大多数刚刚孵出来的小鹦鹉一样，这群玫瑰鹦鹉的幼雏什么也看不见，非常无助，它们是由父母双方共同喂养的。

▲ 一只正在求爱的费希氏情侣鹦鹉正在与它的伴侣分享一口食物。配偶之间的关系非常牢靠，它们栖息在一处，互相充满爱意地为对方整理羽毛。几对夫妇会一起在岩石裂缝、建筑物或者织布鸟的巢中筑巢。

亨利八世的汉普顿宫里就有一只，英国的维多利亚女王也曾有一只非洲灰鹦鹉，这只鹦鹉能清晰地用英语说出"上帝拯救女王"这句话。

在澳大利亚生活着一些色彩最为艳丽的鹦鹉。虎皮鹦鹉正是从这里繁殖起来的。人们可以看到大群大群的虎皮鹦鹉在树丛中飞来飞去。在野外，大多数虎皮鹦鹉都是绿色的，但是家养的虎皮鹦鹉却通常是蓝色或者黄色的。

更大一些的是凤头鹦鹉，比如生龙活虎的葵花凤头鹦鹉和粉红凤头鹦鹉，二者可以通过羽冠来区分。粉红凤头鹦鹉在澳大利亚的大部分地区十分常见。近年来，它们的数目在不断增长，在某些地区甚至被视为农业害鸟。

▶ 这只鹰头鹦鹉竖起了它那醒目却有些残缺的羽冠，就像部落首领的头饰一样。这种漂亮的南美鹦鹉在废弃的啄木鸟洞中筑巢。

◀ 葵花凤头鹦鹉竖起了柠檬色的羽冠向其他的鸟儿展示。在向雌性求爱时，雄性会竖起羽冠，在表达愤怒时也会这样。这种鸟主要吃种子、嫩芽、树叶、水果、根和地面上的块茎——由于在地面上进食，它那白色的羽毛常常显得不太干净。

　　澳大利亚的凤头鹦鹉还包括大型的红尾黑凤头鹦鹉，它们成群地在开阔的林地和灌木丛中觅食，每个群体的成员数目多达上百只。鸡尾鹦鹉要小一些，它们的身体较为纤细，羽冠也很小。黄尾黑凤头鹦鹉有着巨大的喙，能撕裂树枝，来获取藏在里面的甲虫幼虫。在所有的鹦鹉当中，体形最大的是棕榈凤头鹦鹉。这种羽冠绚丽的鹦鹉会通过敲击树干来建立自己的领地。在"击鼓"时，它会用脚抓住一根木棍，当作鼓槌使用。

杜鹃

在欧洲，每年春天过后，杜鹃就用它们那令人熟悉的歌声宣布夏天的来临。欧洲杜鹃还有一些神秘奇妙的近亲分布在其他大陆上，它们过着完全不同的生活。

杜鹃鸟属于鹃形目。这是一个混杂的家族，包含140多种"真正"的杜鹃和一个名叫蕉鹃的家族。蕉鹃家族有20多个物种。另外还有一种非常奇特的鸟——麝雉，它单独属于一个家族。在不同的时期，人们先后把麝雉与鹤、松鸡、鸽子归为一类。但现在，科学家们认为它与杜鹃的亲缘关系最近。

狡猾的孵蛋方式

欧洲杜鹃很出名，甚至对那些对鸟类所知甚少的人来说，它也是一种非常与众不同的鸟。杜鹃以巢寄生而闻名。这种鸟在其他鸟的巢中下蛋，并把养育幼雏的工作留给不知情的养父母。

每年春天，一只雌性杜鹃可以在不同的鸟巢中产下20枚蛋。它非常用心地选择寄主的种类以及下蛋的时间，以确保它的后代能够不被发现地存活下来。杜鹃的蛋通常比养父母自己的蛋先孵化出来。

刚孵出的小杜鹃的首要任务就是把巢里其他的蛋或不幸的雏鸟推出巢外。杜鹃有一张大嘴，对它的养父母来说是一个极大的负担，养父母们不断奔忙着喂养这只迅速长大的幼鸟。不久以后，小杜鹃甚至会长得比它的养父母还大。

▲ 这只大得惊人的杜鹃幼雏正在由体形比它小得多的养母喂食。提供食物的鸟是一只篱雀，它不得不笨拙地站在小杜鹃的头上，才能够到小杜鹃张开的大嘴，并把食物喂送进去。在整个夏天，篱雀主要用昆虫喂养小杜鹃，昆虫很合小杜鹃的胃口，不过，小杜鹃也接受养母喂给它的其他食物。

家庭计划

普通欧洲杜鹃用一种非常阴险的方式养育幼雏。它们把所有责任都推到另一种鸟的身上。雌性杜鹃通常会选择与自己当年的养父母同类的鸟，把蛋产在它们的巢穴中。

狡猾地换蛋

雌性杜鹃会一直等待，直到被选中的养父母离开巢穴，才丢掉巢中的一个蛋，并在这枚蛋的位置产下一个自己的蛋。一只雌性杜鹃可以在 12 个不同的巢穴中产下 12 枚蛋。

推挤

杜鹃幼雏通常比其他的鸟先孵化出来。然后，这只皮肤裸露的小鸟会本能地用自己的后肩把其他的蛋反推到巢外。如果有的鸟已经孵化出来了，这只一心想要成为"独子"的小杜鹃也会把它们一并推出去。

　　杜鹃以昆虫为食（它们尤其喜欢毛茸茸的毛虫），并且通常选择以昆虫为食的小型鸟类，比如莺和田云雀，来养育自己的幼雏。不同种类的杜鹃选择不同的鸟作为自己子女的养父母。大斑凤头鹃选择喜鹊或者乌鸦作为寄主，但是它们的幼雏并不会把寄主的子女扔出巢外，而是会模仿寄主子女的叫声，来乞求食物，并且比寄主的子女更快地长大。白眉金鹃以织布鸟、麻雀和寡妇鸟为目标；普通噪鹃寻找乌鸦和金莺；澳大利亚的沟嘴鹃选择伯劳鸟和澳洲喜鹊；北美洲的杜鹃种类，像黄嘴杜鹃和黑嘴杜鹃，都不是寄生鸟，而是自己筑巢，并在巢中产下 3 ～ 4 枚蛋。

　　生活在非洲的红冠蕉鹃是敏捷的爬树行家。它们会沿着树枝奔跑跳跃，食用森林里的野果，但它们不擅长飞行。而有些杜鹃则是强壮的飞行者。成年的欧洲杜鹃在盛夏时节会迁徙到南部非洲，在非洲过完冬后再返回欧洲。夏末，小杜鹃会跟随而至，它们能够出自本能地找到穿越茫茫地中海的路线。

蕉鹃和鸦鹃

　　杜鹃是鹦鹉的近亲。非洲蕉鹃的生活习性和羽毛色彩都与鹦鹉相似。与大型鸟类相比，它们的体形大小中等，长着色彩艳丽的、有光泽的羽毛和长长的尾巴。当它们在高高的树上觅食水果和种子时，尾巴能够帮助它们保持身体平衡。鸦鹃是一种主要生活在地面上的杜鹃，它们捕食昆虫和其他小型动物。

注释：

赋予了蕉鹃鲜明色彩的绿色素和红色素，是蕉鹃所特有的物质。它们的主要成分是铜，并且可溶于水。但是如果蕉鹃被雨淋了，它们却并不会褪色。

这个家族中体形最大的是大蓝蕉鹃（a），这种外表华丽的鸟有着大大的黄色的喙，喙尖是血红色的。它们成小群地聚集在树木顶部觅食。和所有的蕉鹃一样，它们头上的羽毛非常蓬松，看上去就像兽毛一样。它们还长有簇状的羽冠。

绿冠蕉鹃（b）能够沿着树梢的枝丫快速跳跃，在滑翔时会展露出深红色的翅膀。灰蕉鹃（c）结成小队觅食，或和配偶一起觅食。紫蕉鹃（d）在浓密的树冠的枝丫间跳跃并跑动。

修长而敏捷的黄嘴鸦鹃（e）通常藏在枝繁叶茂的灌木丛中。健壮结实的塞内加尔鸦鹃（f）则捕食蚱蜢和其他无脊椎动物。

▲ 这些生活在南美洲的圭拉鹃喜欢互相陪伴。它们白天群居在一起，在夜里，也紧紧拥挤在树枝上栖息。

▲ 这只大斑杜鹃正在炫耀它最喜欢的猎物：一条毛茸茸的毛虫。大多数其他鸟类都会避开这种多毛的虫子，因为它们身上一般都含有有毒的化学物质。这种杜鹃会将蛋产在乌鸦、喜鹊或八哥的巢中。

▼ 图中这只雄性白眉金鹃正站在一块岩石顶上观察周围的情况。这种彩色的非洲杜鹃通常喜欢栖息在开阔地带的高处，它们可以从这里突袭昆虫。在交配之后，雌鸟会在织布鸟或麻雀的巢穴中产下一枚蛋。

悦耳的鸟鸣

北美杜鹃中最特别的种类之一是走鹃。它们主要在地面上生活——事实上，它们是奔跑的专家，尽管也能进行短距离的飞行。它们在美国南部和西部的沙漠地区快速穿行，追逐爬行动物、大型昆虫、鸟类和小型哺乳动物。它们的速度并没有动画片里描绘得那么快，但是它们确实迅速而敏捷。当走鹃在一辆汽车前横穿马路时，它们通常会迅速地一瞥，脑袋和尾巴水平地伸直，双脚蹬地绝尘而去。它们极好地适应了恶劣的生存环境，可以从猎物中获取水分。它们会在低矮的灌木丛或仙人掌间筑起像平台一样的巢穴。

另一种生活在地面上的杜鹃是马达加斯加的凤头马岛鹃和非洲的鸦鹃。它们体形中等，以昆虫和爬行动物为食，有时候会聒噪着成群地行动。

在中南美洲，生活着一种名叫犀鹃的杜鹃。它们大多是黑色的，长着大大的像鹦鹉一样的喙。有些犀鹃食用被牛群赶走的昆虫，或者寄居在动物的皮毛里，以动物身上的扁虱为食。

▲ 澳大利亚的雉形鸦鹃是一种长 60 ～ 75 厘米的大型杜鹃。它们在茂密的矮树丛中捕食昆虫、螃蟹、蛙类、蜥蜴、老鼠和其他猎物。并不是所有的杜鹃都会把育雏工作留给容易上当的幼鸟扶养者。这种贪婪的雉形鸦鹃幼鸟就要靠自己的亲生父母提供的各种幼虫为生。

▲ 一只南非灰蕉鹃优雅地站在树杈上，它的鸟冠笔直地耸起，好像英国卫兵的高顶皮军帽。这种蕉鹃长着烟色的羽翅，它们的叫声听起来就像英语口语单词 go-away（走开）。

大开眼界

它往哪儿走了？

杜鹃有两只脚趾朝前伸，两只脚趾朝后伸。这意味着当走鹃猛冲过尘沙飞扬的北美沙漠时，它们身后会留下具有迷惑性的足迹。人们很难通过足印分辨出这种鸟是朝哪个方向前进的。普埃布洛的印第安人会在新坟的周围布上走鹃的足印，用来迷惑邪恶的灵魂。

你知道吗？

和蔼可亲的犀鹃

南美犀鹃是一种非常社会化的鸟。它们会有规律地栖息在一起，甚至还拥有公共的鸟巢。在一个巢里，往往会有几只雌鸟，每只雌鸟最多可产下 6 枚蛋。在同一个巢里，可以多达 29 枚蛋！所有成年犀鹃会共同承担孵蛋和养育幼鸟的工作。

长羽毛的怪物

要找到杜鹃家族中最奇怪的成员，就要去洪水泛滥的南美森林，麝雉就生活在那里。麝雉看起来就像是众多动物的集合体。它的大小和乌鸦差不多，脑袋长得像家鸡，身体像野鸡，叫声像声音嘶哑的爬行动物。麝雉以树叶为食，由于树叶很难消化，所以它长有一个特殊的大嗉囊帮助消化。据说这种鸟能散发出一种新鲜的母牛气味。它飞行时也显得很笨拙。

麝雉还有一个古怪之处，它们的幼鸟虽然在树上的巢穴中喂养，却经常被父母扔下，自己照料自己。如果有危险的信号，它们有时会跳进巢穴下面的水里，过后又不得不爬回树上的巢穴。幼鸟不费什么力气就能爬回巢穴，因为在它们翅膀的肘关节上，长有两个爪子，能够帮助它们抓稳并爬过树枝。幼鸟长大后，这两个爪子会随之消失。

猫头鹰

在美国亚利桑那州，它们的家可能是一株仙人掌；在俄罗斯的西伯利亚地区，它们的家可能是一截树桩；在印度的德里，它们的家可能是一幢废弃的建筑物。只要附近有猎物，这些夜晚游荡的家伙就会悄无声息。

猫头鹰又叫鸮，因为它们的眼睛像猫，身子像鹰，所以俗称"猫头鹰"。在一些国家，猫头鹰象征着死亡。因为它们在夜晚捕食，并且会发出怪异的叫声，所以"赢"得了这个恶劣的名声。但是，在许多西方国家，它们却是智慧的化身。这应该归功于古希腊人——在古希腊神话中，智慧女神雅典娜的肩膀上站着一只小猫头鹰。在现实生活中，这只小猫头鹰的学名叫"纵纹腹小鸮"。

▲ 乌林鸮是一种大型猫头鹰。它们生活在北方地区的森林里，主要以小型动物为食。乌林鸮的听觉很灵敏，甚至能够发现深藏在雪下的田鼠。

▲ 一只雕鸮站在树枝上，不时地俯瞰着自己的领地。雕鸮经常在夜晚猎食。它们强健有力，能够捕捉到像幼鹿般大小的猎物，有时甚至会袭击其他种类的猫头鹰。

直视前方的眼睛

猫头鹰（鸮形目鸟类）捕食活的动物，但并不同于其他猛禽（隼形目鸟类），尽管它们之间有一些共同的特征。

在鸮形目鸟类中，有两个重要的家族：一个是被称为鸱鸮科的大家族，大约有160种猫头鹰；一个是被称为草鸮科的小家族（最有名的是仓鸮），大约只有10种猫头鹰。

不同种类的猫头鹰，体形差别通常比较大，既有如麻雀一样大的娇鸺鹠，也有像鹰一样大的大雕鸮。但是，大多数猫头鹰还是有一些共同特征的：它们的双眼都位于头部正前方，腿部覆有羽毛，爪子非常锋利。它们的羽毛上通常长着褐色、灰色和白色相间的斑纹。在翅膀后端长有长长的曳尾羽毛，这种羽毛能降低噪声，所以猎物根本听不到它们飞近的声音。

可能最令人感到惊奇的是，在它们那覆盖着羽毛的"面盘"上面，长着一双大眼睛。这双眼睛炯炯有神，就像人眼一样直视着前方。当猫头鹰在微弱的光线下捕食时，这双大眼睛能帮它们精确地判断猎物的正确位置。

大多数猫头鹰的眼睛只能在眼眶内小范围地移动。这意味着它们不能像其他一些鸟类那样，可以朝侧面看，因而在它们的头部后面存在大片的"盲区"。为了弥补这个缺憾，猫头鹰有特别柔软的脖子。其中有一些种类的猫头鹰，它们的脖子甚至能旋转一周。

猫头鹰那锋利的钩形喙，通常隐藏在蓬松的羽毛下。就连它们的耳朵，也藏在羽毛下面。

◀ 灰林鸮是安静的突袭者。当老鼠出现的时候，它们会挥舞着爪子猛扑下去，却不会发出任何声响，这要归功于它们翅膀上的曳尾羽毛。

▲ 在一株巨大的仙人掌上，一只鸣角鸮正从一个被啄木鸟废弃的洞里向外窥视。一只小姬鸮也常常居住在这株仙人掌上的另外一个洞里。

▲ 松貂和松鼠侵犯了小短耳鸮的领土。小短耳鸮蓬起羽毛，展开翅膀，怒目而视，试图把敌人吓走。

这些特征能帮助它们在夜晚顺利猎食。据实验证明，仓鸮在一片漆黑中，仅仅依靠听力就能侦察并捕捉到猎物。它们的大"面盘"，也能帮助收集声波。

　　猫头鹰的两只耳朵在头骨上的位置是不对称的，其中一只耳朵比另一只稍高一些，所以，两只耳朵对于频率不同的声音，敏感程度也是不一样的，这使它们能够更准确地定位声音的来源。

▼ 对生活在北极地区的猫头鹰来说，脚上覆盖着的羽毛可以帮助它们御寒。图中的雪鸮仿佛穿上了一双舒适、温暖的鞋。厚厚的、蓬松的白色羽毛能让它们感到温暖，同时也利于伪装。

白色幽灵

　　仓鸮是全世界分布最广的鸟类之一。它们喜欢在农田和草地这样的开阔地上栖息，在这些地方，能够捕捉到小型哺乳动物。它们也在树洞和建筑物上筑巢。当然，古老的教堂才是仓鸮最喜欢的地方。它们那神秘的白色翅膀、令人毛骨悚然的叫声、在夜色下飞来飞去的身影，早在几个世纪以前，就化作了人们头脑中的幽灵形象。

　　仓鸮吃田鼠和其他有害的啮齿类动物，是可以保护农田的益鸟。虽然如此，最近几年，在欧

仓鸮的一年四季

　　仓鸮在夜晚猎食。除了南极洲，仓鸮能够在每一块大陆上繁殖。它们通常为了繁衍而交配，每年都会使用同一个巢穴。

春天

冬天

夏天

秋天

春天

仓鸮通常在大树、岩石裂缝，或者像谷仓、教堂、废墟这样的建筑物上筑巢。在四月或者五月，雌性仓鸮会产下 2～9 枚白色的蛋。它们一般每间隔 48 小时下一次蛋，然后依次把幼雏孵化出来。所以，通常会出现这样一种现象：当最大的小仓鸮已经孵出来两周时，最小的小仓鸮才诞生。

夏天

在头两周，雌性仓鸮会留在巢中照顾幼雏，雄性仓鸮去外面猎食。雄性仓鸮也可能给幼雏喂食，但它不会像雌性仓鸮那样，把食物撕成碎块后再喂给它们。当小仓鸮长到 10 天左右的时候，雌性仓鸮才会离开巢，和雄性仓鸮一起去猎食。

秋天

在第 7 周到第 8 周的时候，小仓鸮的羽毛长得比较丰满了，这时它们就开始练习如何捕食。虽然它们具有捕食的本能，但还需要学习一些捕食的技巧。仓鸮拥有敏锐的视觉和听觉，这有助于它们捕到野鼠、老鼠、地鼠和鸟类等猎物。仓鸮的翅膀上长有柔软的羽毛，使它们在靠近那些毫无防备的猎物时，不会发出任何声响。

冬天

一只成年仓鸮每天需要 75～100 克的食物。冬天，由于食物稀少，它们就需要用更多的时间去寻找食物，甚至白天也经常出来猎食。这时，小仓鸮的捕食技巧还不熟练，所以，大约 3/4 的小仓鸮有可能在生命的第一年饿死。仓鸮的喙是钩状的，并且向下弯曲，这样才不会阻碍它们的视线。喙是仓鸮撕裂猎物的有力武器。

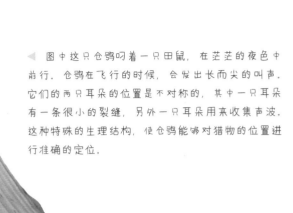

◀ 图中这只仓鸮叼着一只田鼠，在茫茫的夜色中前行。仓鸮在飞行的时候，会发出长而尖的叫声。它们的两只耳朵的位置是不对称的，其中一只耳朵有一条很小的裂缝，另外一只耳朵用来收集声波。这种特殊的生理结构，使仓鸮能够对猎物的位置进行准确的定位。

大开眼界

盲蛇助手

　　野生鸟类的身上有各种各样的寄生虫，如扁虱、螨虫、白虱等。在鸣角鸮的巢内堆着许多垃圾——昆虫的幼虫、粪便、没有吃完的食物等。一些鸣角鸮会请盲蛇来做助手，帮助清理这些垃圾。盲蛇通常在地下穴居，当它们被鸣角鸮携带到恶臭难闻的巢里，就会在那里"定居"下来，直到这个巢被鸣角鸮遗弃。科学家们发现，在每5只美国鸣角鸮中，就会有一只鸣角鸮和盲蛇生活在一起。盲蛇的到来，使小鸣角鸮身上的寄生虫的数量有所减少。在与盲蛇共同生活的日子里，小鸣角鸮会长得又快又好。

洲一些地方，它们的数量却在逐渐减少。为了能让仓鸮更好地繁殖，一些农民和益鸟保护者为它们搭建了巢箱，还鼓励人们把老建筑物的露台空出来，作为它们的栖息之地。

　　生活在亚洲地区的栗鸮是仓鸮的近亲。它们的体形比较小，生活在森林中，猎食范围比较广泛，从小型哺乳动物到青蛙、昆虫，都是它们的猎物。

猫头鹰的体形

　　雪鸮是最有特色的猫头鹰之一。它们生活在荒凉的北极地区，翼展宽 1.25～1.65 米，长着一双雪白的翅膀和明亮的淡黄色眼睛，看上去非常漂亮。雪白的羽毛能帮助雪鸮伪装，避免被猎物和天敌察觉。厚厚的羽毛能帮助它们抵御严寒，甚至在它们的双脚上也覆盖着羽毛。它们以鸟类和哺乳动物为食，但最喜欢的食物是旅鼠（一种小型啮齿类动物）。通常，雪鸮每年会哺

◄ 纵纹腹小鸮属于小型猫头鹰。在白天，它们站在篱笆柱和树枝等栖木上搜寻猎物；在黄昏时分，它们会出去捕食昆虫。

▲ 毛腿渔鸮是亚洲的四种渔鸮之一，是专门用来捕鱼的。大多数渔鸮的腿和爪都是赤裸的，只有这样才能避免粘上湿土和鱼鳞。而生活在西伯利亚东部、中国东北和日本北方等寒冷地区的渔鸮，它们的腿和爪上都长有羽毛，因为这样才能避寒。

育4到5只幼雏，但是如果旅鼠的数量充足，它们就有能力哺育约9只幼雏。

雕鸮的体形比雪鸮大，生活在偏僻的地方，主要吃小型哺乳动物。它们也可以捕到像幼鹿一样大小的猎物，因此在猫头鹰家族里很有名。在寂静的黑夜里，它们会发出深邃而急促的"呼呼"声，即使在几千米以外也能听见。其他一些鸟类，尤其是乌鸦和鸥，经常会被雕鸮侵袭并"骚扰"。由于体形和力量的原因，它们通常不会反抗。

在北美洲，生活着一种巨角猫头鹰，它们被认为是猫头鹰家族中典型的代表。和其他猫头鹰一样，它们的头部两侧各有一撮羽毛。当这两撮羽毛竖起来的时候，看上去就像两只耳朵。这两簇羽毛对它们的听觉不起任何作用，仅仅是一种炫耀而已。

在亚洲和非洲，生活着一些会捕鱼的猫头鹰。非洲的横斑渔鸮是其中比较大的一个种类。在它们的双腿和脚趾上都没有羽毛。在脚趾腹部生有角质的刺，这些刺会像钢针一样刺入鱼身，帮助它们牢牢抓住鱼。虽然它们不像鱼鹰那样拥有高超的潜水技术，却能够从树上猛冲下来。

食团

一只饥饿的猫头鹰可能会吞下整个猎物，也可能会把猎物撕成碎块后再吃掉。但是，有些东西是它们消化不了的，如皮毛和骨头等。它们会把不能消化的东西成团吐出来。在大树和木柱下，经常会看到它们吐出来的食团。每个食团平均长约42毫米、宽19毫米。通过研究这些食团，我们能知道这只猫头鹰都吃了哪些食物。在图中仓鸮吐出的食团里面，有一些小型哺乳动物的头盖骨、鸟的头盖骨、腭骨、腿骨、皮毛、羽毛和一些甲虫的壳。

在北美洲，还有两种与众不同的猫头鹰。其中一种是姬鸮，它们是世界上最小的猫头鹰，长12.7～14.6厘米，跟麻雀一般大小。它们通常把巢建在被啄木鸟废弃的洞里；在沙漠地区，它们把巢筑在仙人掌上。夜晚时分，它们会出来捕食昆虫。另外一种是穴鸮，它们生活在北美洲的南部地区和南美洲的草原地带。与大多数猫头鹰不同，穴鸮生活在开阔的草原上，利用小型哺乳动物的地洞作为自己的巢穴。在旱獭和囊地鼠的聚居地，有时也会发现它们的踪迹。

并不是所有的猫头鹰都在夜晚猎食，生活在北方森林里的猛鸮就常常在白天出来活动。猛鸮的腹部长满了羽毛，尾羽也比较长，看上去就像一只鹰。它们主要吃一些小型哺乳动物。同样生活在森林里，体形更大的乌林鸮，给人留下的印象最为深刻。它们为了保护自己的蛋和幼雏，对任何靠近乌林鸮巢穴的人和动物，都可能会发起猛烈攻击。

你知道吗？

神秘怪异的光

在许多故事中都有过这样的描述：神秘的亮光，一会儿沿着河边漂移，一会儿又越过沼泽地。人们对此感到既恐怖又迷惑不解。古人把它们叫作"鬼火"。在俄罗斯的民间传说中，它们是游走于天堂和地狱之间的死婴灵魂。

近来有研究表明，这种现象的产生是由于仓鸮。道理很简单，当仓鸮在一些年代久远的树洞中活动的时候，它们的羽毛会碰擦到一些能够发光的细菌。黄昏时分，猫头鹰沿着河边的草地静静飞行，人们自然就会看到飘忽不定的亮光了。

欧夜鹰和雨燕

这个群体包括一些自然界中最古怪、最非同寻常的鸟。欧夜鹰和雨燕之间有一些相似之处，但也有着非常显著的差别。它们都过着隐秘的生活，所以关于它们的神话和传说层出不穷。

欧夜鹰和蛙嘴夜鹰都属于夜鹰目。从前，欧洲人对夜鹰有一种奇怪的误解，认为它们会吃山羊的奶。生活在英国乡村的人们曾经把雨燕当成一种邪恶的鸟，因为它们在飞行中会发出刺耳的尖叫声。这群鸟儿的名字暗示了它们的生活习性。

这些鸟儿主要在夜晚出来活动。关于这一点你可以说，它们与夜里出来捕食昆虫的猫头鹰很相似。它们的喙很短，但是喙裂很宽，就像青蛙的嘴一样。它们用喙来捕食蛾子和其他的昆虫。在它们的喙部周围，有一圈像胡子一样的羽毛，能够帮助它们探测到昆虫。

隐形的猎人

白天，欧夜鹰和蛙嘴夜鹰通过它们那漂亮的斑驳的羽毛，把自己隐藏在周围的环境之中。有一些夜鹰栖息在地面上，另一些则会一动不动地坐在树桩或者树枝上，这使它们看上去就像一块碎裂的木头。还有一些种类的夜鹰，比如裸鼻鸱，在树洞中筑巢。它们在夜色的掩护下外出觅食，用超凡的夜视力来帮助自己寻觅晚餐。有一些夜鹰会追逐昆虫，而另一些则会从一个"瞭望点"飞出去，准确地啄起它们的猎物。

茶色蟆口鸱（茶色蛙嘴夜鹰）在夜晚觅食。它们在栖息之地侦察到猎物之后，会突然飞下来，从地面上抓起猎物。这种鸟是伪装大师，整天栖息在树枝上，它们那斑驳的灰色羽毛与树皮融合得天衣无缝。在静止不动的时候，它们看起来简直就是一截树桩或者折断的树枝。生活在南美洲和西印度群岛的普通林鸱是另一类伪装高手，如果在栖息时受到了打扰，它们就会变硬，看上去就像一块没有生命的木头。夜里，这种鸟会在飞行中抓捕昆虫。它们会在一根折断的树枝顶部或者树皮边缘，产下一枚白色的蛋。

生活在澳大利亚和新几内亚的裸鼻鸱的行为习性更像一只小型猫头鹰。和猫头鹰一样，它

▲ 夜鹰非常擅长伪装，因此很难被发现。图中这只夜鹰沿着一根粗树枝低低地站着，而其他夜鹰在白天时，通常在地面上休息——它们会隐秘地蹲伏着，把自己隐藏起来。

◀ 这只铁锈色的、和猫头鹰很像的裸鼻鸱栖息在新几内亚的一根横梁上。这种鸟生活在山区的森林之中，它们长着敏感的腮须，主要在夜晚出来活动。

◀ 这只生活在美洲的欧夜鹰长有灰色的羽毛和又长又尖的翅膀。雄性欧夜鹰在进行飞行展示的时候，会发出一种轰轰隆隆的叫声。

▲ 夜里，生活在森林中的巴布亚蟆口鸱用一双炯炯有神的大眼睛注视着前方，同时，它那宽宽的喙紧紧闭合着。在活动的时候，这种鸟能用巨大的喙从森林的地面上"铲"起昆虫、蜥蜴和老鼠。

们的头部也可以转动180°。

它们的叫声也非常像猫头鹰，而且和猫头鹰一样喜欢突然袭击地面上的昆虫。而生活在亚洲和澳大利亚的大蛙嘴夜鹰也是用这种方式来捕捉昆虫的——它们同时也猎捕两栖动物和小型哺乳动物。

夜鹰的叫声非常奇怪。雄性欧夜鹰会发出持续的、沉闷的、颤抖的声音，听起来就像是远处的拖拉机的声音。而生活在中美洲和南美洲的林鸱会发出单调的、悲伤的叫声。北美洲的三声夜鹰会发出三个音节一串的叫声，这种叫声可以连续重复上百次。三声夜鹰倾向于根据满月来调整自己的生育时间，这可能是为了利用月光使它们在抚养幼鸟时的捕食活动更容易一些吧。

有些雄性夜鹰的羽毛特别长，它们在进行求爱表演时，会在飞翔中展示这些羽毛。生活在非洲的缨翅夜鹰，每只翅膀后面都有一根彩带一样的羽毛伸出来。

南美洲的剪尾夜鹰有着长长的尾羽，形成明显的剪刀形状。在雄鸟的身上，这些羽毛尤其长。

当寒冬来临，大多数以昆虫为食的鸟儿都会飞向温暖的地区，以获得充足的食物保障。美洲夜鹰会向南迁徙，到南美洲去度过冬天。而欧夜鹰身形较小的亲戚——北美洲的弱夜鹰，却有一种独特的方式适应严

▲ 这只茶色蛙嘴夜鹰的特写镜头向我们展示了它喙部周围的腮须。腮须是这群鸟的典型特征，可以用来探测食物。腮须对于那些张开大嘴捕捉飞翔的昆虫的蛙嘴夜鹰尤为有用。

▲ 在澳大利亚昆士兰州近距离地观察，你会发现，一段脏兮兮的树干或者破碎的树枝，很有可能是一只正在休息的茶色蛙嘴夜鹰。

夜晚的飞行者

　　欧夜鹰和它的许多亲戚一样，是一种夜行性的鸟，主要以昆虫为食。在夜晚，它们会一边飞翔，一边张开大嘴吞食空中的小昆虫，就像姥鲨吞食海水中的浮游生物一样。

大眼睛

腮须

宽宽的喙

大开眼界

追逐鸟儿的"蝴蝶"

在干旱的、多岩石的撒哈拉沙漠南部地区，生活着一种夜鹰，叫作缨翅夜鹰。它们用来进行求爱展示的羽毛可以说是所有鸟类中最不可思议的。这种夜鹰长 23 厘米，身体呈深褐色，下腹是浅黄色的，带有条形花纹。在繁殖季节里，雄鸟会长出两根特殊的羽毛，这两根羽毛的羽干长达 60 厘米，末端连接着宽阔的羽毛。当雄鸟在黎明或月光中飞翔的时候，它们那长长的羽干是看不见的，但是羽毛却清晰可见，看上去就像是追随着鸟儿的两只黑色蝴蝶一样。

▲ 夜晚，欧夜鹰在它的巢穴上方飞翔。它睁大了眼睛，展露出了腹部的条形花纹。当欧夜鹰悄无声息地追逐昆虫的时候，它们飞翔的速度极快。

寒和食物稀缺的季节。它们会隐藏在树缝中进行冬眠，在冬眠过程中，它们的体温会从正常的 40℃左右，下降到大约 18℃。

雨燕——飞翔中的生活

在所有的鸟类中，雨燕可能是最擅长飞翔的。虽然它们的外形很像燕子，但是，它们却和蜂鸟共属于一个目——雨燕目。雨燕有着镰刀形状的翅膀，以及流线型、鱼雷一样的身体，这使它们完美地适应了飞行中的生活。全世界大约有 90 种雨燕，其中大多数都生活在热带地区。

雨燕主要在高高的空中觅食。在空中，它们张开大嘴，快速滑翔。和夜鹰一样，它们的喙很短，但是喙裂很宽。它们用喙来"铲"起昆虫和飘荡在空中的蜘蛛。据记载，曾经有一只成年雨燕在一次飞行中，在喉袋里储存了 1000 多只昆虫，用来抚育它的幼鸟。

雨燕一生中的大多数时间都是在空中度过的，它们有着强健的爪子，能够抓住悬崖和树木，但是几乎不能行走。有一些种类的雨燕不仅在飞翔中觅食，还在飞翔中睡觉和交配。

人们一度认为雨燕是世界上飞翔速度最快的鸟。但后来的研究表明，许多海鸟和水鸟都比

▲ 雨燕的足很小，但是它们的爪子非常有力。当雨燕想攀住一面墙、一块岩石，或者附着在其他垂直物体的表面时，强壮的爪子非常有用。

▲ 一只雨燕从建筑物屋檐下的栖身之所俯冲下来。雨燕的足很小，这使它们很难从地面上起飞，所以它们需要从高处往下飞，才能获得必需的初速度。

它们的速度快。而且在平稳的水平飞行中，雨燕的速度其实相当慢，它们每秒钟只能飞 5 ～ 8 米。而绒鸭每秒钟能飞约 21 米，令雨燕相形见绌。

大多数雨燕都成群地筑巢，它们会用小片的羽毛、植物材料和唾液来建造杯状的巢。欧洲雨燕的幼鸟在离巢后三年的时间里，会一直在空中飞行、休息，一次都不会着陆。为了寻找食物，这些鸟儿可以飞行很长的距离，而且它们通常会随着气流飞行，因为气流可能把昆虫带到高空中。如果父母没能为幼鸟寻觅到食物，那么幼鸟就会进入休眠状态，这时它们的体温会下降，这样即使没有食物，也能生存好几天。

唾液巢

大多数雨燕都会组成大型的群体，一起筑巢。北美洲的烟囱刺尾雨燕是以烟囱为巢的。据说在建筑物随处可见之前，这种鸟是在中空的树洞和岩洞中筑巢的。这种雨燕用它们富有黏性

像蝙蝠一样的鸟

在夜鹰目中，最与众不同的一个品种——油鸱（大怪鸱）生活在南美洲。它们成群地生活在洞穴里，白天躲藏起来，夜晚才出来进食。它们的食物主要是树上的水果，比如棕榈树和月桂树的果实。它们在飞行中采摘水果，而寻找水果可能要依靠嗅觉。然后，它们再返回漆黑的洞穴中，通过发出一串串尖叫声，像蝙蝠一样进行回声定位。它们在洞穴中的巢里，利用反刍的水果来抚养幼鸟。幼鸟有时也直接吃水果。幼鸟会长得很胖，大小相当于成年油鸱的一半，但是当它们开始长出飞羽的时候，就会迅速"苗条"下来。过去，当地人常常诱捕这些小鸟，把它们富含油脂的肉制成食用油，或者把小鸟穿在棍子上点燃，当作火把使用。

的唾液将嫩枝黏在烟囱里，从而筑起一个舒适的小巢。

在繁殖季节里，成群的金丝燕在东南亚巨大的洞穴的内壁上用唾液筑巢。人们可以把这些巢收集起来，用水煮熟，做成一道东方美食——燕窝汤。然而，收集这些燕窝并非易事。首先，采集燕窝的当地人必须能够忍受洞中地面上厚厚的鸟粪发出的刺鼻气味。其次，他们必须爬上像40层摩天大楼那么高的墙壁，而且通常只是借助于一个脆弱的、不牢固的竹子制成的脚手架。

和油鸱（大怪鸱）一样，金丝燕会在洞穴中发出叫声来进行回声定位。当洞穴中的金丝燕幼鸟开始第一次飞翔的时候，它们一头扎入黑暗之中，并利用回声定位，在漆黑一片的环境中找到洞穴的入口。同时，洞壁上的蛇也随时准备拦截某些粗心的幼鸟，这也增加了它们飞行的难度。

蜂鸟

蜂鸟是鸟类世界里的珍宝。它们的羽毛闪烁着蓝色、绿色和红色的光泽，十分迷人。虽然它们通常生活在热带雨林中，但在北美洲和南美洲的大部分地区也能见到它们的踪迹。

毫无疑问，蜂鸟是鸟类世界中最迷人的鸟儿，像羽毛五彩缤纷的刺嘴蜂鸟，嗓音沙哑的辉尾蜂鸟，腹部翠绿的蜂鸟，羽毛闪闪发光的太阳蜂鸟。但是蜂鸟吸引人的地方并不仅仅是它们那迷人的羽翅。这种鸟在很多方面的行为都像一只大昆虫，并且拥有强大的飞行能力。

蜂鸟的近亲是雨燕，它们都属于雨燕目（Apodiformes）。Apodi 的本意是"无足的"，但事实上这些鸟儿都有足，只不过它们的足很小，并且在飞行时都巧妙地隐藏了起来。

蜂鸟属于雨燕目中的蜂鸟科。在蜂鸟科的家族中，一共有 330 余个品种。从安第斯山脉上长达 20 厘米的巨型蜂鸟，到只有蜜蜂大小的古巴蜂鸟，蜂鸟的大小各异。古巴蜂鸟是世界上最小的鸟儿，它的身长只有 57 毫米，体重只有 1.6 克，是鹪鹩的一半。

◀ 一只雄性长尾蜂鸟正在吸食倒挂的金钟花的花蜜。这种黑眉蜂鸟是牙买加蜂鸟中的一种，被当地人称为鸟大夫（可能是由于它们的头长得像医生戴的帽子）。它们常常在郊区花园中活动。当森林减少的时候，它们的数量却会增加，因为它们主要生存在开阔的乡村郊野地带。

香甜的花蜜

大多数蜂鸟都是食用花蜜的专家。花蜜是一种高能量的食物，它能给这些忙碌的小鸟提供充足的热量。它们通过捕食昆虫来获取重要的蛋白营养。为了采食自己最喜欢的花蜜，蜂鸟的嘴部形状和长短各异。剑嘴蜂鸟长着壮观的、与它的身子一样长的尖喙。为了保持警戒和平衡，大多数时候，它都要让尖喙竖立着。这种巨大的尖喙，有利于它们深入到西番莲、曼陀罗，以及晚樱科植物的花蕊中去汲取花蜜。而镰嘴鸟的嘴短而锋利，像镰刀一样，有利于插进它们正在食用的卷曲的海里康植物的花蕊中去。还有一些蜂鸟用它们那像针一样的嘴采食花蜜。为了吃到更多的花蜜，它们有时甚至会在花蕊底部戳一个洞，但这意味着这些花再也不能授粉了。为了防止这种情况，一些植物的花会牢牢地聚成一簇，只有那些嘴喙形状正确合适的蜂鸟才能采到花蜜，并帮助花儿授粉。蜂鸟的舌头像管子，当它们用舌头吸食花蜜的时候，就像在使用吸管一样。

振动的翅膀

尽管蜂鸟体形微小，色彩艳丽，但它们却有很强的攻击性。一些蜂鸟会保护一些特定的树，这些树上通常有它们最喜欢的花和花蜜，它们甚至还会驱赶大鸟。这类鸟儿居住在小而紧凑的地方。

大开眼界

最小的蜂鸟

世界上最小的鸟——古巴蜂鸟的鸟巢和鸟蛋也是最小的。在它们那小小的鸟巢中，会有两枚像豌豆一样大的鸟蛋。鸟蛋的长度为 6～11 毫米。每一枚蛋的重量仅有 0.25 克。

◀ 这只站在铅笔的橡皮头上的蜂鸟，身长不足 6 厘米，是世界上最小的鸟。

它们是怎么盘旋的?

　　蜂鸟运用娴熟的飞行技巧停留在花朵前采蜜。它们的翅膀以极快的速度前后拍击,飞行时呈"8"字形。它们向下飞时,翅膀盘旋,以推动背后朝上的空气向下移动。

开始下飞

翅膀向上盘旋

下飞结束

尖嘴

　　在高寒的安第斯山脉高原上,背部是紫色的雌性刺嘴蜂鸟用它们那短小、锋利的嘴,在西番莲这样的小花中采蜜。此外,这种蜂鸟还可以将花瓣从背面刺穿,吸食花蜜。

▲ 在亚利桑那，一对长着黑色下颚的蜂鸟正在分享花蜜。有一些蜂鸟并不介意和同伴分享食物。但有的蜂鸟却会为争夺食物进行激烈的斗争，入侵的鸟儿往往会把原来的花蜜占有者赶走。

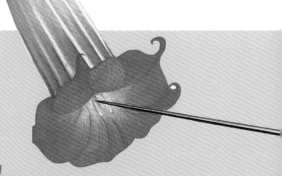

好长的嘴！

在所有的蜂鸟中，剑嘴蜂鸟的嘴是最长的。它们把自己的尖喙伸进曼陀罗、西番莲，以及其他雨林植物的喇叭形状的花朵中去吸食花蜜。尽管尖喙伸进去了，但它仍然需要将舌头伸出来吸食花粉。它是唯一的一种以这些花为食的鸟。休息的时候，它的尖喙会向上竖起，而不是平伸着。

你知道吗？

喜欢沐浴的蜂鸟

蜂鸟一天的大部分时间都在吃。它们的食量很大，每天要在 1000 朵到 2000 朵花上采蜜。在繁殖的季节里，它们也会用大量的时间来求爱、筑巢、抚养小鸟。不过，在潮湿的苔藓中、湿润的树叶里，以及池塘、瀑布和溪流中，它们也总是会有足够的时间洗澡。加利福尼亚的安娜蜂鸟，会不时地飞到一些花园的洒水车旁去洗淋浴。

▲ 这种正在嫩枝上栖息的雄性红尾蜂鸟，生活在安第斯山脉的灌木丛林和开阔的森林中。这种鸟儿有时候一边栖息，一边上下摆动扇形的尾巴。它们通常盘旋着飞到红色花朵上去吸食花蜜。

▲ 一只生活在美国的雌性蜂鸟正在照看它的孩子。许多蜂鸟的鸟巢都像小杯子，它们是由蜘蛛网、地衣植物、羽毛，以及其他一些东西做成的。

镰嘴鸟

镰嘴鸟的尾羽尖端是白色的。吸食花蜜时，它用有力的腿站在植物上，伸着像镰刀一样的嘴，盘旋着飞近花蜜，这对于它们是一种特殊的飞行技巧。它们那弯曲的嘴，非常适合于像海里康植物那样弯曲的花粉管。

▶ 当安娜蜂鸟食用醋栗时，伸在花苞之外的花蕊将花粉洒落在它的嘴上。当它们飞到别的花上采蜜时，这些花粉就被传播到另外的花上，授粉工作就是这样完成的。

你知道吗？

喜欢红色的蜂鸟

　　大多数蜂鸟都喜欢在红色的花朵上采集花蜜。科学家们认为，这可能是因为昆虫看不见红色，但鸟类却能看见红色。所以，大多数富含花粉的红色花朵都是由鸟类来授粉的。这意味着蜂鸟在找到红色花朵后，可以自如地采蜜而不用担心被昆虫们打扰。

　　另一些蜂鸟在更大的范围内觅食，它们通常沿着固定的路线飞往固定的树林或者灌木林。它们飞得很快，并且能长距离飞行，最高时速可达每小时 80 千米。

　　蜂鸟这个名字来源于它们盘旋时翅膀振动的声音。不过有一些蜂鸟在飞行时是静悄悄、没有声音的。它们十分精通飞行技术。大型蜂鸟通常会像蝴蝶一样拍打翅膀，小型蜂鸟的速度快得令人吃惊。例如，紫色的"丛林之星"（艳紫刀翅蜂鸟），每秒拍击翅膀约 80 次。飞翔的时候，它会直直地伸展翅膀，并前后摆动，呈"8"字形，这样它就能通过来自前后两个方向的力，使身体上升。另一些鸟主要靠来自前方的推动力上升。这种与众不同的飞行方式意味着它们既可以前飞，也可以后飞，有一些甚至还能够侧着身子飞。

　　这种非凡的技术力量来自它们那受益于花蜜的高度发达的肌肉。为了维持这种高速度的飞行方式，每只蜂鸟每天需要的食物量相当于其体重的一半。

▲ 哥斯达黎加的一只绿冠蜂鸟正在吸食花蜜。花蜜为蜂鸟的肌肉提供飞行所需的能量，这些能量还能维持它们的体温。每只蜂鸟需要的食物量大约是它自身体重的一半。

▲ 这只雄性的艾伦氏蜂鸟的喉结处的羽毛华丽灿烂，在阳光之下闪耀着橘红色的光。当这种鸟伸出舌头舔食花蜜时，我们可以看到它的舌头。

小巧美观的鸟巢

　　蜂鸟用植物原料、唾液和蜘蛛网建造小巧的、像杯子形状的巢。每个巢中会有两个鸟蛋，小蜂鸟靠取食昆虫和花蜜的能量长大。雄性蜂鸟不会抚育子女。但它们会在一些特定的地方表演精心编排的求爱节目。在这些节目中，通常有令人眼花缭乱的飞行技巧。有一些独特的种类，如来自秘鲁北部的神奇的叉扇尾蜂鸟，它的羽毛长得很特别。这种鸟长着一对特别长的尾羽，长长的羽毛轴暴露着，只在尾端小部分区域才有羽毛。它们飞行的时候，羽毛互相拍击，发出像鞭打一样的声音。

　　尽管大多数蜂鸟生活在热带地区，但有一些每年也会迁徙数千千米，像一种红褐色的蜂鸟就可以迁徙到阿拉斯加。它们远距离迁徙的时间与一些富含花蜜的植物的开花时间一致。有一些蜂鸟会沿着山脉的高低起伏迁移，因为在不同的海拔高度，植物的开花时间不同。

翠鸟

翠鸟栖息在树枝上，巨大的喙朝前伸着，身子似乎会倒转过来。但是，这种迷人的鸟是一个擅长保持平衡的"猎人"，它那难以对付的鸟喙是捕食猎物的致命武器。

当这种身形小巧的鸟沿着河流迅速消失时，大多数见过翠鸟的人一定对它们那鲜艳的蓝橙色羽毛异常熟悉。在它们安静地捕鱼时，能够看见这样一只让人难忘的鸟，是件极不容易的事。事实上，并非所有的翠鸟都捕鱼，其中有一些翠鸟，比如笑翠鸟，就生活在干旱的灌木丛中，它们的猎物主要是蜥蜴。

全世界大约有90种翠鸟。它们属于佛法僧目中的翠鸟科。许多翠鸟都中等大小、色彩艳丽。

大开眼界

铲嘴翠鸟

在新几内亚的山区，生活着铲嘴翠鸟。它们会沿着河岸，用巨大的鸟喙挖掘泥土，寻找泥土里的虫子、昆虫和蜗牛。那些生活在海岸边的鸟则觅食红树林沼泽中的螃蟹。在新几内亚的森林里还生活着一种天堂鸟。它们生活在森林的下层，经常摇摆着长长的尾巴，它们会突袭虫子和蜥蜴。

▶ 翠鸟喜欢吃鱼，但是也有一些翠鸟吃其他动物。这只褐头翡翠（一种翠鸟）正用鸟喙衔着一只肥肥的小青蛙。

在意大利一条清澈的溪流中，这只正在捕猎的翠鸟涉水而行。尽管有锋利的鸟喙，但是翠鸟并不会用鸟喙直接刺穿猎物，而是会在最后一分钟张开喙，夹住整条鱼。

东方的国王

如果你想看到大量翠鸟，就要去热带地区。在辽阔的欧洲和亚洲北部，只有人们熟悉的普通翠鸟。在广大的北美土地上，具有代表性的也只有带鱼狗。但是在非洲和东南亚地区，却生活着数十种不同的翠鸟，其中有些种类甚至具有截然不同的生活方式。

翠鸟的鸟喙长而锋利，像匕首一样。它们的身子矮胖，足很短。它们擅长抓鱼。抓鱼时，它们通常会栖息在垂悬于河流上方的树枝上，耐心等待很长时间。发现目标后，它们就会立即潜入水中，用有力的鸟喙抓住鱼儿。它们在水下时，透明的眼皮会盖住并保护它们的眼睛。

如果鱼很大，不能马上吃掉，翠鸟就会把猎物带回树枝上，把鱼在树枝上捣碎，再将猎物吞下去。翠鸟总是先吃鱼头，这样鱼鳞和鱼刺才不会卡住它们的喉咙。

斑鱼狗在水面上盘旋，挑选水中的猎物。这种小巧的鸟长有鸟冠，它会直接跳入非洲、亚洲和中东的河流、沼泽和湖泊中捕猎。

腐臭的鸟巢

翠鸟是一种独处的鸟，总是会毫不犹豫地沿着河流或湖泊追击入侵者。不需要繁殖的时候，它们甚至会让配偶离开。

和家族中的大多数成员一样，它们会在靠近水域的与地面垂直的河岸上，挖出长长的地洞作为巢穴。它们用鸟喙挖地洞，并在洞里产下约 7 枚鸟蛋。地洞中几乎没有其他东西，很快，洞里就会因为充满鱼的残渣而变得腐臭不堪。

◀ 这只小巧的粉颊三趾翠鸟正在水面上啄食昆虫，但是它们很少会潜入水中。它们主要生活在干燥的森林开阔地面上，通常都站在树枝上觅食地面的昆虫。

多数翠鸟都吃鱼，但是也有一些翠鸟会用有力的鸟喙寻找其他猎物。蓝胸翡翠和林地（塞内加尔）翠鸟主要在森林地面上觅食昆虫和小型脊椎动物。它们经常把鸟蛋产在树洞中或者树上空空的白蚁巢穴里。

在非洲，生活着几种专吃昆虫的小翠鸟，最小的是粉颊三趾翠鸟，只有 10 厘米长。

笑翠鸟

在翠鸟科中，生活在澳大利亚的笑翠鸟体形巨大，长约 45 厘米。它们的叫声很大，听起来就像咯咯的笑声。这是一种聒噪的鸟，主要生活在澳大利亚内陆地区开阔的森林和林地中，但人们有时也会在远远的水域上发现它们的踪影。不过这种鸟并不吃鱼，它们喜欢觅食大型昆虫、

 在所有翠鸟中，最大的是澳大利亚的笑翠鸟，它们生活在干旱无鱼的灌木丛中。有时，人们把它们称为"傻笑的蠢驴"，因为它们的叫声很大，听起来像沙哑的笑声一样。

未离巢的雏鸟、啮齿动物、蜥蜴和蛇。它们在树洞中筑巢。笑翠鸟的群体关系比较复杂，小鸟会与父母一起生活好几年，就像父母的帮手，直到繁殖的时候才离开。

生活在新几内亚低地的一种笑翠鸟羽毛发亮，它们是生活在澳大利亚的笑翠鸟的近亲。这种鸟体形较小，羽翅是亮蓝色的，主要生活在森林、沼泽和热带草地上，并在树上的白蚁巢穴中筑巢。它们会栖息在低低的树枝上，俯瞰林中的地面，寻找树枝上的昆虫、甲虫、蚂蚁和其他小型动物。

蜂虎

蜂虎喜欢吃蜜蜂，因此也叫食蜂鸟。它们有着绚丽的羽毛、高超的飞行技巧，平时还会聚到一起叽叽喳喳地"聊天"。蜂虎尤其喜欢成群结队地飞来飞去，它们甚至还能帮助同伴抚养雏鸟，有些种类则成群地聚居在一起。

这种迷人的鸟主要栖息在热带地区，与翠鸟和佛法僧一样也属于佛法僧目。它们遍布非洲、亚洲和澳大利亚的温暖地带，少数种类生活在欧洲。它们喜欢觅食昆虫，捕食方式多种多样。

蜂虎

蜂虎具有高超的飞行技巧。它们的翅膀和尾巴又长又尖，喙部也比较长，而且像匕首一样尖。它们的寿命相当长，可以存活 10 年甚至更长的时间。

尾随其后

蜂虎的翅膀又长又尖，因此，它们能够快速地飞翔。蜂虎的飞行姿势比较优美，并能以较快的速度追逐空中的蜜蜂、黄蜂或者其他飞虫。最终，它们会用细长且稍向下弯的喙捉住猎物。它们还有一种比较常见的觅食方式，就是站在栖木上搜寻昆虫，一旦发现目标，就会俯冲下去。

大开眼界

搭 "便车"

漂亮的洋红蜂虎分布于非洲，喜欢觅食又大又肥的蝗虫和蚱蜢。它们在捕捉这些草原昆虫时，通常采取两种策略。一是经常出现在森林火灾现场：当大群的昆虫蜂拥逃命时，恰恰是洋红蜂虎觅食的好时机。二是 "潜伏" 在草原哺乳动物（比如羚羊和野牛）的脊背处：当昆虫受到哺乳动物的打扰暴露行踪后，洋红蜂虎就会俯冲下去，捉住它们。

▲ 一对漂亮的红胸蜂虎正栖息在树枝上，它们的嘴里各叼着一只昆虫。蜂虎通常栖息在乡间开阔的原野上。但是，红胸蜂虎喜欢生活在城市里。在肯尼亚首都内罗毕的远郊地区，通常能看到红胸蜂虎的身影。

▲ 在所有蜂虎中，洋红蜂虎的羽毛颜色最艳丽。洋红蜂虎通常成群地在悬崖上筑巢——悬崖上到处都是它们挖掘的洞穴，如同人脸长了许多痘疮一样。

三宝鸟

在东南亚和澳大利亚，分布着一种被称为"三宝鸟"的佛法僧。它们之所以有这样一个奇怪的名字，是因为在它们的两翼上长有圆圈状的斑块，并且具有银色光泽，看上去如同古代的银圆。它们通常在凉爽的夜里觅食。它们的喙比较大，能够捕捉大型昆虫。它们还成群地聚集在白蚁群出没的地方。

▲ 这只黄喉蜂虎叼着刚捉到的昆虫，返回到自己的巢穴。蜂虎通常在悬崖或者堤坝上掘洞为巢，并将蛋产在洞穴的最深处。这种鸟不会"编织"巢穴。但是，它们可能会在洞内"铺"上一些昆虫的尸体，作为内垫物。

蜂虎善于在空中捕食昆虫。正如它们的名字所暗示的那样，蜜蜂是它们最喜爱的食物之一。此外，它们还喜欢觅食蜻蜓、蝗虫、黄蜂、蚂蚁等昆虫。如果蜂虎捉到的昆虫带有刺针，它们会将其对准树枝使劲儿摩擦，直至刺针被擦掉。有时，蜂虎也会重重地敲击猎物，直到它们身上的刺针掉落为止。

蜂虎喜欢把巢筑在陡峭的堤坝上，尖利的喙是它们挖掘洞穴的最好工具。蜂虎在产下第一枚蛋后便开始孵蛋。因此，当食物短缺的时候，只有最先孵出来的雏鸟才有可能存活下来。成年蜂虎会把身上没长刺针的昆虫带回来喂养雏鸟。当幼鸟能够飞离巢穴捕食以后，暂时不会生育的蜂虎通常又会帮助同伴喂养雏鸟。

通常只有一名助手帮助蜂虎喂养雏鸟，而白喉蜂虎可能有6名助手。这些助手与正在繁殖的白喉蜂虎通常有很近的血缘关系，它们往往是这对蜂虎在前一年生育的后代。这种合作繁殖行为能给予雏鸟更多的存活机会。

然而，并非聚居在同一巢区的蜂虎都能互相帮助。有些赤喉蜂虎很像"强盗"，它们不喜欢亲自捕食昆虫，而是守在邻居的巢穴附近，待邻居觅食回来以后公然抢夺邻居的食物。有的蜂虎甚至将邻居的巢穴占为己有。

佛法僧

与蜂虎相比，佛法僧科鸟的体形比较大，喙部也比较粗壮。它们的羽毛颜色很鲜艳，主要由蓝色和红棕色组成。

佛法僧在树洞中筑巢，主要以生活在地面上的昆虫为食，比如蚱蜢和甲虫。觅食时，它们或者在地面上四处刺啄昆虫，或者从栖木上俯冲下来刺食猎物。一些生活在森林中的佛法僧还会像鹟那样在半空中捕食昆虫。

▶ 一只燕尾佛法僧正站在栖木上四处瞭望。它们一旦发现昆虫、蜘蛛或者爬虫，就会俯冲下去。美丽的燕尾佛法僧栖息在非洲干燥而开阔的原野上，当天气较热的时候，它们会寻找遮阴处。

在求爱的季节，佛法僧经常会表演一些飞行特技，比如在空中翻跟头。长尾地佛法僧栖息在马达加斯加岛上，正如名字所暗示的那样，它们通常生活在地面上。长尾地佛法僧喜欢在阴暗潮湿的雨林地面上觅食各种各样的昆虫、蠕虫和蜗牛。

犀鸟、巨嘴鸟和啄木鸟

这些鸟类有一个共同的特征，它们都长着让人印象深刻的、有时甚至显得滑稽可笑的喙。只要瞧一瞧它们那令人惊讶的采摘水果和啄食的生活方式，就可以看到动物王国里最令人惊异的舌头。

一阵遥远的低鸣和咯咯的叫声穿透了印度的森林。随后，一对身上黑白色相间的巨鸟通过滑翔和拍打翅膀的喧哗声，宣告自己的到来。它们的身形看起来好像被巨大的角质鸟喙扭曲了，它们就是双角犀鸟。其他鸟儿也纷纷加入它们之中，在高高的树冠上享用水果盛宴。当这些1米多长的巨鸟在树上啄食水果的时候，未被食用的种子和半消化的水果，就从树枝间簌簌落下。

▶ 人们无法对如此华丽的鸟喙视而不见。图中这只巨嘴鸟正在展示它那醒目的鸟喙的侧面轮廓。虽然这鸟喙看起来很笨拙，但实际上它的重量很轻，巨嘴鸟能够运用高超的技巧操纵它，采食浆果和水果。

戴头盔的鸟喙

犀鸟是佛法僧目中的翠鸟和金丝雀的远亲。它们是一群非常有特色的鸟，都长着巨大的喙，在鸟喙的上部，通常又长有角质的"喙盔"。犀鸟有 50 多个品种，全部都是在亚洲和非洲被发现的。

红脸地犀鸟是所有犀鸟中体形最大的。这种鸟十分醒目，它们通体黑色，眼睛周围和颈部是没有羽毛覆盖的亮红色皮肤。它们生活在南非开阔的草原地带，捕食昆虫、小型蜥蜴和哺乳动物。它们用巨大的鸟喙抓捕猎物，或者把一小口多汁的食物从洞里啄出来，比如隐藏在地下的昆虫巢穴。东南亚的马来犀鸟、非洲的红嘴犀鸟和噪犀鸟，以及许多其他的犀鸟，大部分时间都在树上觅食水果和昆虫。

标志性的脚趾

啄木鸟属于䴕形目。这是一个相当混杂的目，其中包括色彩缤纷的中南美䴕、喷䴕、拟啄木鸟、响蜜䴕和巨嘴鸟。这些鸟都在树上挖洞为巢，而且它们的脚都长得很有特色，两个脚趾朝前，两个脚趾朝后。

生活在北美洲和南美洲的中南美䴕，样子很像蜂虎，生活习性也和蜂虎非常相似。它们的色彩都很亮丽，都以各种各样的昆虫为食。它们用长长的针状鸟喙在半空中啄取猎物。和蜂虎一样，它们也会在路堤上挖掘出隧道一样的鸟巢。

◀ 这只红脸地犀鸟的捕猎威力获得了丰厚奖赏——它捕到了一只蜥蜴。小型啮齿动物、蛇和乌龟也在它们的捕猎名单上。红脸地犀鸟是最大的犀鸟，它们大多数时间都在地面上行走、觅食，但是却在树上栖息和筑巢。

囚犯

　　在大多数犀鸟中，比如双角犀鸟，雌鸟会几乎完全把自己封闭在树洞中的巢里。鸟巢只留下一个小缝，空间刚好能够让它的伴侣或者群体里的其他成员把食物递送进去。雌鸟会一直"囚禁"在巢里，直到雏鸟半成熟，雌鸟才会冲出"牢笼"，并觅食喂养雏鸟。雌鸟可能要在巢里封闭两个半月的时间。在这段时间里，它们会脱掉身上所有的飞羽，并长出新的飞羽来。

▲　马来犀鸟是一种大型犀鸟，生活在东南亚的森林里。在它们的鸟喙上，也长有醒目的"喙盔"。它们的"喙盔"通常末端上翻，就像犀牛角一样。

　　喷䴕鸟主要生活在美洲，大约有30个种类。它们看上去很像翠鸟的膨胀版，不过它们的羽毛多为土褐色，并且能在飞行中猎食昆虫。

音乐迷

　　世界上有200多种啄木鸟。大多数啄木鸟都长着耀眼的黑色、白色和红色羽毛。它们是攀爬树干的专家，能够利用自己强劲的爪子和坚硬的尾羽作为支撑。它们能用凿子一样的鸟喙，把树干啄成碎屑，并啄出躲藏在里面的昆虫。啄木鸟的头骨很厚，在它们持续不断地敲击树干时，头骨能够吸收剧烈的震荡波，保护它们的大脑。在春天，一些啄木鸟会用它们有力的喙大声地敲击中空的或者腐烂的树枝，宣告这是自己生育的领地。这种声音能够传到很远的地方。

大多数啄木鸟都能爬树，但是蚁䴕属的啄木鸟却很奇怪，它主要在地面上觅食，或者栖息在交叉的树枝上寻找昆虫，尤其是蚂蚁。蚁䴕有一种令人不快的习惯，在受到威胁时，它们会像蛇一样扭动脖子。还有一个古怪的群体是生活在热带地区的姬啄木鸟，这是一种小型啄木鸟，它们不像真正的啄木鸟那样长有坚硬的尾羽。

某些种类的啄木鸟的进食喜好颇为特殊。生活在北美洲的扑动䴕在地面上搜寻蚁巢；吸汁啄木鸟则在树上钻一些小洞，吸食里面的汁液。所有的啄木鸟都在树洞里筑巢，树洞由它们亲自凿出，或者在现有洞穴的基础上扩建而成。

灿烂的拟啄木鸟

在全世界的热带地区，生活着 82 种拟啄木鸟。这些五彩斑斓的鸟长着巨大的、看起来十分有力的

▲ 一只大斑啄木鸟的幼鸟正在吃成年啄木鸟喂来的一口食物。啄木鸟的幼鸟在树洞里孵化，而成年啄木鸟要么重新筑巢，要么找一个闲置的树洞，并将它扩宽，作为自己的新巢。

◀ 这只雌性的绿啄木鸟正在向自己的巢穴做最后的冲刺，并闪现出金色的尾部。绿啄木鸟先是快速拍打翅膀上升，然后合拢翅膀骤然降落，它交替运用这两种方式向前飞行。

▲ 图中这只黑啄木鸟用自己神奇的脚（两只脚趾朝前，两只脚趾朝后）紧紧抓住树桩，并用心地敲击着树桩。这种鸟真的会对树木"拳脚相加"，为了觅食蚂蚁和甲虫的幼虫，它们会在树上啄出许多大洞。

喙。它们的长相非常像鹦鹉和啄木鸟的杂交品种。它们大多数都生活在丛林区。在这里，它们像啄木鸟一样在树上攀爬，搜寻水果和昆虫。在它们的鸟喙底部，长着一圈极富特色的像刚毛一样竖立的鸟羽。生活在非洲的红黄色的拟啄木鸟是一种骄傲自大的鸟，享受着不同寻常的食物来源，它们从停泊着的汽车散热器护栅上，觅食撞死的昆虫尸体。拟啄木鸟的近亲中，有一种名叫响蜜䴕的小家族。黑喉响蜜䴕会享用蜂蜡，并以此作为自己的主要食物。这种鸟利用其他鸟类来帮助自己哺育幼雏，就像杜鹃一样。

蜂窝的中心

在多数极为相似的热带森林鸟类中，有几种样子滑稽的南美巨嘴鸟。其中，大巨嘴鸟最负盛名，它长着黑白相间的漂亮翅膀和亮橙色的鸟喙。厚嘴巨嘴鸟是色彩最亮丽的鸟类之一，它有着惹人注目的黄色胸部，草绿色的鸟喙上点缀着橙色、

大开眼界

熟练的舔食者

啄木鸟有着令人难以置信的长舌头。它们的舌头如此之长，以至于在它们的头颅内长着一根卷曲的管道，当舌头不用的时候，就会缩卷到这根管道中去。

啄木鸟的舌头上覆盖着具有黏性的小钩刺，用这些小钩刺来收集躲藏在树木深处的昆虫及其幼虫。绿啄木鸟的舌头能够伸展到 20 厘米长，是它的鸟喙长度的 5 倍。

▲ 番红小巨嘴鸟栖息在巴西的森林中。小巨嘴鸟有着极为出色的鸟喙，不过它们的体形一般要比普通巨嘴鸟小一些。绿阿拉卡巨嘴鸟的喙是细长而弯曲的。

▲ 野生无花果等水果是拟啄木鸟的美食，它们也零星地食用一些昆虫。它们鸟喙的基部边缘长满了"胡须"（羽毛）。它们用喙为自己挖筑巢穴。

你知道吗？

坚果储藏室

　　生活在北美洲的橡树啄木鸟经常集群活动，群体成员数量可达十几只。在夏末的时候，它们收集橡树果实，准备过冬。为了储藏这些橡树果，它们会在树上和其他木头（包括一些人造建筑，如电线杆）上凿出一些小洞，每个小洞里放置一颗坚果。有些树上密密麻麻地布满了小洞。在一根电线杆的表面，能够储藏大约 2000 颗橡树果！

◀ 这种漂亮的戴胜鸟长有肉桂色的身体和斑马纹的翅膀，很容易被发现。所以，许多向非洲迁徙过冬的欧洲戴胜鸟，都成了猎鹰的目标。

蓝绿色和栗色的漂亮斑点。

　　巨嘴鸟的巨喙是由角质的蜂窝结构组成的，所以它并不像看上去那么沉重。长长的鸟喙使它们能够从树上、灌木丛中，以及细得难以承受它们身体重量的嫩枝上采集水果。巨嘴鸟灵巧地操纵着鸟喙，优雅地用喙尖采摘水果，然后把食物向后掷入口中。

　　体形略小的小巨嘴鸟和绿阿拉卡巨嘴鸟不那么有名，但是它们的颜色和大巨嘴鸟一样艳丽。翡翠小巨嘴鸟是一种聒噪的鸟，生活在中美洲的山区雨林里，它那刺耳的叫声就像锯木发出的声音一样。戴胜鸟的外貌颇具视觉冲击力，它有着粉褐色的身体和黑白相间的翅膀。它也长有鸟冠，可以突然间展开成扇形。这种鸟用长长的、弯曲的鸟喙四处探寻昆虫、蠕虫和蜘蛛。在非洲，它们主要生活在干燥的草地上。但是在其他一些地区，它们生活在分散的林地里，在那里，它们把昆虫从腐烂的木头中拔出来，就像啄木鸟一样。戴胜鸟从不清理巢穴，所以鸟巢很快就因累积的粪便和幼鸟的麝香分泌物而杂乱不堪、臭气熏天。这种臭味非常难闻，但是却能将天敌拒之门外。

　　人们经常可以看到生活在非洲的绿林戴胜鸟聚成一小群，排成一列纵队，快乐地从一棵树上飞到另一棵树上。它们栖居在树干上，用自己细长的弯曲鸟喙，在树缝和树洞里探寻食物。

栖木鸟

从大胆的麻雀和八哥，到羞怯的乌鸫和苍头燕雀，大多数在公园和花园中常见的小鸟都属于今天繁衍得最为成功的一个鸟类群体——雀形目。雀形目鸟类又被称作栖木鸟。

在现存的9000多种鸟类中，有5000多种都是雀形目鸟类。从身长约65厘米的渡鸦，到身长不到10厘米的戴菊和鹪鹩都属于这个群体。

所有的雀形目鸟类都有几处共同特征。最明显的特征是，它们都进化出了适合栖息在树枝上的足，每只鸟都是一只脚趾朝后伸，三只脚趾朝前伸。所有雀形目鸟类的脚趾都是这种模式，尽管有些鸟既栖息在树枝上，也生活在地面上。它们的足上都没有蹼，所以除了河乌以外，雀形目中没有真正的水鸟。

▲ 几只家麻雀正在一段生锈的带刺铁丝上休息。它们主要以种子为食，但也能吃各种各样的食物。极强的适应能力使它们能靠人类的残羹剩饭养活自己。

你知道吗?

雀形目国鸟

在世界各国的国鸟当中，有很大一部分都是雀形目鸟类。例如，英国的国鸟是红胸鸲，又叫知更鸟，这是一种食虫的益鸟，性情温顺，体态俏丽，被英国人誉为"上帝之鸟"。而奥地利和爱沙尼亚都选择平易近人的家燕作为自己的国鸟。澳大利亚的国鸟是琴鸟，这种鸟分布于澳大利亚东南部沿海一带，雄鸟有形似古代七弦琴的尾羽，十分漂亮。戴菊和乌鸫则因为美妙动人的歌声而分别成为卢森堡和瑞典的国鸟。巴布亚新几内亚的国鸟极乐鸟更受礼遇，当地人认为极乐鸟是巴布亚新几内亚独立、自由的象征，甚至把它的形象印在国旗、国徽上。

歌手与鸣禽

大多数雀形目鸟类都会自己筑巢，它们的巢通常是杯形的，有时也异常复杂。例如，非洲的织布鸟，就会织出结构复杂的巢。而长尾山雀的巢是球形的，巢的一部分是用苔藓黏附起来的。还有许多不同的种类，像毛脚燕和灶鸫，都会用泥建造复杂的巢。澳大利亚岩莺则用蜘蛛的丝将巢悬挂在洞顶。

许多雀形目鸟类都是颇有造诣的歌手。事实上，大多数雀形目鸟类都属于雀形目中的一个亚目——燕雀亚目。它们都长有鸣管肌——相当于人类的声带。有时候，人们会称这一亚目

▲ 这只灰伯劳看上去似乎正准备吃掉这只死去的麻雀。和其他伯劳一样，灰伯劳会把猎物挂在带刺的树枝或铁丝上保存起来，以备食物匮乏时食用。

火冠戴菊

娇小的火冠戴菊与普通戴菊非常相像，但是它们的羽毛更鲜艳一些，并且眼睛上有一道黑色条纹。在欧洲大陆，它们生活在落叶林里，但是在英格兰南部和威尔士一带，它们栖息在针叶林里。

的鸟为鸣禽。

燕雀亚目是雀形目鸟类中最主要的群体，这个群体中包括许多知名的鸟。像鸫、知更鸟、麻雀和山雀这样的鸟，在花园中都很常见。但是在这个群体中，也包括许多不太知名的鸟，比如非洲的扇尾莺，它们是莺的亲戚，有着奇特的名字，如呼啸扇尾莺、泡影扇尾莺。这一亚目还包括生活在玻利维亚的奇怪的小刺花鸟，以及东南亚传奇的极乐鸟和澳大利亚的园丁鸟。

▲ 在中美洲和南美洲阴暗的森林边缘，王霸鹟极有可能被人忽视，直到它展现出自己像亮丽头饰一样的冠羽。

点头和眨眼

河乌是唯一适应水下生活的雀形目鸟类，它们总是在离溪流不远的地方活动。图中的这只河乌正在潜入河床，寻找昆虫的幼虫或甲壳类动物。河乌也会在河床上行走，寻觅食物。河乌的眼睛里有一层白色的瞬膜，可以在水中保护眼睛。在陆地上，它们会通过眨眼的方式表达兴奋，眨眼时，白色的瞬膜与河乌黑色的头部形成了鲜明的对比。

◀ 这只金翅雀正站在一株起绒草顶部，并努力从起绒草的针刺之间拣食种子。它那尖尖的喙非常适应这种"镊子"式的工作方式。它是唯一一种能在起绒草的头状花序之间取食种子的鸟。

南方的家族

　　大多数雀形目鸟类都以昆虫或植物为食。雀科、文鸟科和鸦科的鸟比较特殊，以种子为食，但是它们也用昆虫来喂养子女，因为昆虫更有营养。伯劳科鸟类的习性则更像小型的猛禽。它们猎捕小型动物，包括田鼠、蜥蜴和昆虫。

　　除鸣禽以外，雀形目的其他鸟类被称为亚鸣禽。亚鸣禽中最主要的群体是霸鹟亚目，其中的大多数种类都生活在南半球。霸鹟亚目包括许多生活在雨林中的鸟类，如伞鸟和侏儒鸟。霸鹟亚目中最庞大的家族是生活在南美洲的霸鹟科鸟类。科学家们相信，这些鸟是几十万年前在南方大陆（比如南美洲）上进化而来的。

　　亚鸣禽中还有两个较小的亚目：来自非洲和亚洲的热带雨林中的阔嘴鸟亚目，以及来自澳洲的琴鸟亚目。尽管没有被归为鸣禽类，琴鸟仍然是一流的歌唱家。

▲ 这三只尚未发育健全的可爱的小鹛鹟站成一排，在澳大利亚的森林中睡着了。所有雀形目幼鸟在孵化出来时眼睛都是瞎的，而且没有坚硬的羽毛，只有蓬松的绒毛。这三只小鹛鹟以蜈蚣为食，很快就会长大。

▲ 在芦苇丛中，文须雀像一个留着胡子的踩高跷的杂技演员一样跨立在两根芦苇之间，展示着自己敏捷的杂技本领。

▲ 蓝喉歌鸲会翻动落叶层寻找昆虫。这只成年雄性红点蓝喉歌鸲需要吃掉好多昆虫才能填饱肚子。

观察小鸟

观察鸟类的进食是了解它们的习性的好办法。花园小桌上的喂鸟器里的食物或许并不是天然的食物来源，但是鸟儿接近这些食物的方式和它们在野外觅食的时候是一样的。

山雀能够像一位杂技大师那样悬挂在细枝上，并捕获躲藏在树枝之间的昆虫。它们也用同样的技巧悬挂在喂鸟器上，从里面啄取营养丰富的花生和葵花籽。在桌子上和桌下的地面上，苍头燕雀和麻雀会小心地前进并寻觅种子，就像在野外一样。金翅雀习惯在灌木树篱间觅食，它们也能像山雀一样从喂鸟器中啄取食物。

在冬天，有些鸟会占据自己的领地。例如，知更鸟会勇敢地捍卫自己的领地，它们在花园中也非常大胆，当喂鸟器中装好食物时，它们通常第一个跳上桌子。它们会密切关注侵犯领地的同类，并迅速把入侵者赶走。八哥则更加社会化一些，它们倾向于喧闹地集体出动。它们会突然降落在花园里的桌子上，大摇大摆地进食，并欺负弱小的鸟。像这样成群活动比单独来到桌子上安全得多。一群八哥比单独一只青山雀更容易发现天敌雀鹰的到来。在某些地方，雀鹰发现，花园里储备丰富的喂鸟桌是个不错的捕食场所。

林岩鹨在花园里不太引人注目。它们喜欢在隐蔽处蹦蹦跳跳，比如树篱和灌木丛下面。它们会紧张地出去拣食掉落的食物。

尽管雀形目鸟类体形很小，但是许多种类都能进行长距离的迁徙。连娇小的戴菊和山雀在食物匮乏时也能飞行几百千米。有些莺和鹟每年都要经历漫长的旅途，从它们在北半球的繁殖地迁徙到较为温暖的地方，比如中美洲和非洲。

长尾山雀

长尾山雀和真正的山雀有着很近的亲缘关系，但长尾山雀更加社会化一些，经常成群活动。在繁殖季节里，它们会与配偶一起生活，但是每天晚上，所有群体成员都要举行一次"集会"，然后才去歇息。它们有时会为了保暖而挤在一起。

▲ 八哥、山雀和苍头燕雀属于雀形目中不同的科，但它们的脚趾模式都是一样的，并且都喜欢吃人们放在喂鸟桌上的食物。

灌木丛中的鸟

大多数莺的颜色都很暗淡，在灌木丛中很难辨认出来。但是近距离观察的话，也能发现一些有助于分辨它们的线索。

特殊的土褐色
园林莺会跟随在飞行的昆虫身后。这是一种外表尤为单调的鸟，身上没有明显的标记或花纹。而这种没有特点的特点，恰好可以帮助我们在野外认出它们。

悦耳的音调
夜莺昼夜不停地唱歌，它们如风笛般婉转的歌声令人着迷，但它们其实相貌平平。这种灰暗的鸟的背部是褐色的，胸是灰白色的，宽阔的尾巴是栗色的。

黑色的帽子
雄性黑顶林莺的歌声与园林莺的歌声十分相似——音调丰富多彩，富于变化。但是近距离观看就可以将它们区分开，因为雄性黑顶林莺的头上戴着一顶"黑帽子"。而雌性的头顶则是红褐色的。

重复的叫声
在开阔的林地和灌木丛中，棕柳莺那单调重复的歌声暴露了自己的踪迹。它的背部是灰绿色的，腹部是淡黄色的，眼睛上有一道暗淡的条纹——与欧柳莺极为相似，因此要通过歌声来区分它们。

花园中的造访者

　　认识雀形目鸟类的最好方式便是观察附近的花园里或者公园中的鸟。几乎所有来花园的喂鸟桌上取食的鸟都属于雀形目。普通欧洲花园的日常造访者包括苍头燕雀、八哥、知更鸟、乌鸫、大山雀、青山雀、金翅雀和林岩鹨。而斑尾林鸽、啄木鸟和松鸦（如图）则经常光临靠近森林的大型花园。

　　居住在热带地区的人们可能有幸看到更多色彩斑斓的鸟类，比如亚洲花园中的黄腰太阳鸟、埃及花园中的园鹟、东非城市的草坪上的栗头丽椋鸟，以及美国花园中的北美红雀。而麻雀在所有大陆的花园中都能看到。无论在哪儿，只要有人，附近就会有麻雀。麻雀在许多国家都能生活得很好，因为它们的适应能力很强。它们主要吃种子，但也很容易吃下其他东西，从食品碎屑、虫子到水果和昆虫。在一些地区，它们甚至对农民种植的谷物造成了危害。

　　在有些地方的冬天，鸟类的生存十分艰难，人类的喂食能够保证花园中的鸟类存活下来并在春天成功繁殖。喂食鸟类需要不同种类的食物——饼干、面包、奶酪、黄油、水果和土豆等，因为每种鸟的食性都略有不同。

▲ 这只嘴里含着莓果的蜡翅鸟站在一棵欧洲花楸树上。这种鸟的名字来自它们翅膀边缘的小斑点——就像一滴红蜡。

▲ 这些蘑菇像楼梯一样生长在树上，但是栖息在树上的鸭鸟并不需要任何帮助——它们的脚趾能够牢牢地抓住树皮。事实上，鸭鸟能够轻松地头朝下从树上爬下来，就像头朝上爬上去一样。

▲ 一只雄性双领花蜜鸟正在一株南非山龙眼上搜寻食物。这种色彩明艳的鸟生活在非洲和亚洲，相当于生活在美洲的蜂鸟。它们虽然可以在飞行中进食，但是更喜欢停下来进食。

稀有之美

　　八哥和其他一些雀形目鸟类会聚集在我们头顶的电线或电话线上，要经常抬头往线上看看，因为电线上的视野比树上的视野好得多。鸟类观察者总是留心观察那些在迁徙中迷路的鸟。有些观察稀有鸟类的人更注重鸟类的稀有价值而非它们的外貌。一只小鹀在普通人眼中只是个"褐色的小东西"，但它却会使鸟类观察者激动不已。观鸟者不惜跋涉几百千米，只为了看一眼这种小鸟。观察离群鸟儿的最佳地点是海岬及近海的岛屿上。

▲ 雄性乌鸫可以根据它墨色的羽翅、橙色的喙、黄色的眼圈以及活泼轻快的步伐辨认出来。乌鸫会侧耳倾听地下的虫子的动静。

大开眼界

伙伴关系

　　领航刺莺生活在澳大利亚东南部。它们总是跟随比自己大得多的琴鸟一同外出觅食。在琴鸟翻弄森林落叶层的时候，领航刺莺静静地在一旁等候，准备分享琴鸟翻出来的无脊椎动物。

自我观察

鸟儿的踪迹

　　出去看鸟的时候，要带上一个笔记本。为有趣的或不太熟悉的鸟迅速地画一张草图，记下它的主要特征。记录下你看到这只鸟的时间和地点，以及它所吃的食物——这有助于日后对鸟儿的鉴定。下面是一张雄性黄雀的草图：

翅膀上的黄色斑纹

眼睛上的黄色条纹

发绿的尾部

黑冠

又短又尖的喙

燕尾

黑色的下腭

黄色的尾羽

黄色的胸部

一只脚趾朝后

三只脚趾朝前

鸣禽

鸣禽通常体形较小，长着褐色的羽毛，隐藏在茂密的丛林里，人们很难看见它们的踪影。但是，鸣禽通过发出各种各样的叫声，如刺耳的啁啾声、叽叽喳喳声、颤鸣声，以及婉转动听的潺潺声，宣布自己的存在。

对许多生活在欧洲北部的人来说，鸣禽的叫声宣告着春天的来临。鸣禽一进入春天，就开始修筑自己的繁殖领地，它们的叫声在乡村上空响起，宛如一首首动听的音乐。棕柳莺最先从越冬地飞回来，它们与众不同的叫声在河边那些仍然光秃的树林中回荡。到了四月初，柳莺此起彼伏的叫声响彻整个树林和山谷。不久，从灌木丛和篱墙那边也不时传来白喉林莺的啼叫。到了五月，芦苇莺和水蒲苇莺开始在芦苇丛和沼泽地中欢唱。

◀ 这只站在金雀花树丛上的鸟叫作波纹林莺。它的胸部呈微红色，鸟冠浓密，尾巴很长并且向上翘起。波纹林莺喜欢隐藏在低矮且多刺的灌木丛中。

▲ 图中是一只林柳莺，它昂着头在树枝上尽情地歌唱。林柳莺遍布威尔士的林地，叫声凄切哀婉，间杂颤音。它们在高高的树冠上觅食，但是在地面上筑巢。

你知道吗？

像羊一样的叫声

在石南丛中、森林里、田野上和芦苇丛中，时常能听到鸣禽欢快的歌声，有时歌声中还会间杂着一些意想不到的声音。例如，在非洲，有一种鸣禽会像羊一样发出"咩咩"的叫声。它的另外一种叫声听起来就像是轻微的石头碰撞声。黑斑蝗莺栖息于浓密的地表植被下面，从那里时常传来它们尖锐的叫声，犹如钓鱼竿上的卷线轴在飞速转动时发出的声音。

多姿多彩的鸣禽世界

鸣禽属于小型鸟类，大多数在外形上都很相似，羽毛呈暗棕色或者橄榄褐色。它们长着一个锋利的尖喙，用来捕捉昆虫和幼虫。鸣禽天性害羞，大多数时间都躲在茂密的灌木丛和沼泽中，或者在树梢上搜寻猎物。

鸣禽主要栖息在茂密的植被中，种类不同选择的植被也不同。芦苇莺和水蒲苇莺喜欢栖息在芦苇丛中。在中国、尼泊尔、巴基斯坦和印度北部等地生活着一种紫红色的花彩雀莺，它们喜欢在杜鹃花丛和刺柏丛中捕食昆虫。黑斑蝗莺是口技表演大师，它们能用叫声掩藏行踪。干燥的东非灌木丛林是红脸森莺的家园，高高的灌木丛和树林吸引着林柳莺、黑顶林莺和绿篱莺。

鸣禽体形虽小，但大多数都擅长飞行。当冬天来临之际，生活在北半球寒冷地区的鸣禽大都会迁徙到遥远的温暖地区越冬。它们在夏天时吃了很多昆虫，变得比较肥胖，为长时间的迁徙做好了体力准备。它们历经艰辛，到达非洲、中东和南亚等地，因为即便是冬天，在这里也能捕食到大量的昆虫。在英国，波纹林莺属于留鸟（一种不随季节变化而迁徙的鸟类）。它们长得非常迷人，主要栖息在石南（一种植物）丛生的荒野和灌木丛中。在寒冷的冬季，当昆虫和

会缝纫的鸟

　　分布在南亚的长尾缝叶莺是树莺的近亲。它们能把几片正在生长的树叶"缝"在一起，筑成自己的巢。它们先在一片树叶的边缘啄出一个孔，把蜘蛛丝的一端穿过去，再把蜘蛛丝的另一端穿到另一片树叶边缘或者是同一片树叶另外一边的孔里。它们不断重复这样的"缝纫"动作（一排孔只穿一根蜘蛛丝），直到把两三片树叶或者是一片树叶的两边"缝合"在一起，形成一个深深的"口袋"。

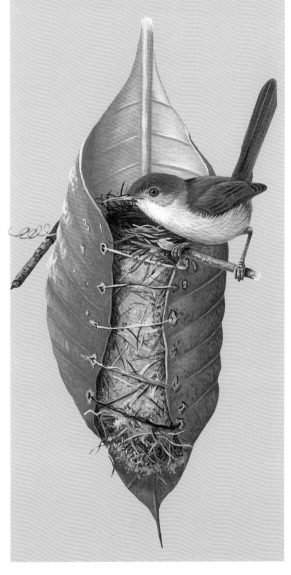

蜘蛛的数量匮乏时，许多波纹林莺就会饿死。

食虫鸣禽

　　全世界约有 360 种鸣禽被人们称为旧大陆莺，以便与属于新大陆莺的美洲鸣禽相区别。鸲是一种比较常见的美洲鸣禽。在美洲生活着几种旧大陆莺，其中一种被称为蚋莺，它们看上去更像鹪鹩。比如，体形比较小的灰蓝蚋莺栖息在北美森林里，在树叶和树枝中寻找昆虫，它们的尾巴与鹪鹩的一样，经常向上翘起。

　　鸣禽通常把巢筑成小巧的杯形或者半球形。一些种类栖息在湿地里，它们把巢筑在茂密的芦苇丛中，这样可以很好地躲避天敌。但是，这种"隐藏"起来的巢并非特别安全。一些杜鹃发现它们的巢后会把卵产在里面，这些鸣禽便成了小杜鹃的"养父母"。

▲ 芦苇莺以昆虫为食，叫声响亮，主要栖息在茂密的芦苇丛中、红树林沼泽地里，以及纸莎草沼泽地里。它们的巢为杯形，像小巧的吊床一样悬挂在几根芦苇茎之间。

黑顶林莺一家正在共进晚餐，它们把巢筑在了茂密的灌木丛中。图中这些幼雏正处于生长发育阶段，需要随时进食。雌黑顶林莺的鸟冠为栗色。

戴菊和雀莺都属于小型鸣禽，它们身材矮胖，头部通常有亮黄色或者橙色冠纹，通常像山雀一样成群地在高树上觅食。它们中的大多数都栖息在寒冷国家的针叶林里。

生活在非洲和亚洲的树莺也属于小型鸣禽。此外，还有尾莺和鷦莺，它们栖息在草地和沼泽地里。

鸦雀是一种体形较小、尾巴较长的鸟儿，像大多数鹦鹉一样有着又短又粗的喙。它们觅食种子和水果，通常成群进食。它们栖息在芦苇丛中、沼泽地里和竹林深处。大多数鸦雀都生活在东亚，但是在这个家族中还有一个特殊的种类——文须雀，它们生活在英国。这是一种非常漂亮的鸟儿，像山雀一样有着橙棕色的羽毛。

雨林中的鸣禽

到雨林中走一走，对鸟类爱好者来说是很享受的事情。雨林中的鸟儿种类繁多，令人大开眼界。不过，有时候森林里也会幽深昏暗，悄无声息，许多鸟儿可能都栖息在高高的树冠上，或者隐藏在茂密的树叶中间。

世界上大多数鸣禽都生活在南美洲的雨林里——事实上，世界上大部分雨林都集中在南美洲。虽然也有一些例外，比如生活在澳大利亚的羽毛华丽的琴鸟，生活在非洲和亚洲的阔嘴鸟、八色鸫，以及生活在新西兰的刺鹩，但毫无疑问，南美洲是鸣禽种类最丰富的地方。南美洲大约有3000种鸣禽，而欧洲只有500种左右。

▲ 这只雄性安第斯动冠伞鸟拥有一身华丽的"求爱服"——绚丽的羽毛，漂亮的羽冠，明亮的眼睛，足以在繁殖季节里吸引雌鸟的注意。

▲ 这只雄性金领娇鹟展开了自己黄色的"胡须"，开始在巴拿马低地的森林边缘进行求爱表演。它还会一边发出清脆的鸣叫声，一边从栖木间飞过。侏儒鸟以求爱表演而闻名，它们的表演包括各式各样的舞蹈、歌声和"杂技表演"。

　　有些鸟儿的外形在雨林中并不起眼，但它们能通过悦耳动听的鸣叫声宣告自己的存在。钟雀会发出响亮的、震耳欲聋的叫声。雄性肉垂钟雀站在高高的栖木上鸣叫，它们的喙上有一串黑色的、像虫子一样的肉垂。皮哈鸟会通过令人窒息的尖叫声来宣告自己的存在。

霸鹟亚目

　　许多雨林中的鸣禽都属于雀形目中的霸鹟亚目。有些科学家认为，霸鹟亚目的鸟儿比雀形目中的其他鸟儿更为古老。在这个亚目中，砍林鸟和镰嘴鸟的羽毛通常色彩单调，其中有些种类有着长长的喙。它们在树干上爬来爬去，看起来和啄木鸟很像。它们用长长的喙在蕨类植物和其他植被中搜寻昆虫为食。

　　灶鸟（大约有200个品种）既生活在雨林中，也生活在乡间田野上。有一些灶鸟，如棕灶鸟，会建造坚固的圆顶泥巢，泥巢中设有隐藏的"密室"。蚁鸟是另一个重要的群体，这些鸟儿喜欢在森林地面上或树枝间觅食昆虫。

▲ 这只漂亮的八色鸫大多数时候都在地面上跳来跳去，追逐蜗牛、蚯蚓和甲虫。八色鸫生活在马来西亚、爪哇岛、巴厘岛和苏门答腊岛的幽暗森林里。

▲ 大食蝇霸鹟生活在南美洲和美国得克萨斯州的南部地区。有时候，它们会像翠鸟一样冲入水中捕鱼，不过它们也会站在栖木上突袭昆虫、蚯蚓，甚至老鼠、青蛙和蜥蜴。

五彩缤纷的鸟儿

在霸鹟科中，有 400 多种鸟类。其中大多数鸟儿的羽毛都是单调的灰色和褐色，但是也有几种鸟儿长着艳丽的羽毛，比如朱红霸鹟。王霸鹟是一种看起来色彩灰暗的鸟儿，但有时候它

迷人的琴鸟

如果你想观看一场精彩的求爱表演，你需要去参观一下澳大利亚东南部潮湿的桉树林，这里是琴鸟的家园。像野鸡一样大小的雄性琴鸟会堆起一个潮湿的土墩，并站在上面载歌载舞。它们会展开自己那像里拉琴一样的尾巴（里拉是一种古希腊乐器，形状就像一把小型的 U 形竖琴），并将尾巴朝前伸，使之竖立在头顶上方，然后快速抖动。这样的舞蹈还伴随着复杂的歌声。在歌声中，雄性琴鸟能模仿它们在森林里听到的各种声音。

们会令人大吃一惊。它们偶尔会展现出自己那鲜艳的红蓝相间的羽冠。它们的羽冠平时是折叠起来的，在展开的时候，漂亮的羽毛在鸟儿头顶高耸着，宛如斗牛士的帽子。但是没有人知道王霸鹟展开羽冠的真正目的。

在伞鸟科中，有一些五彩缤纷的鸟儿，如秀丽伞鸟。雄性秀丽伞鸟的羽毛非常鲜艳，是醒目的蓝色和蓝莓色。亚马孙伞鸟是一种大型的鸟儿，外形很像乌鸦。在它们的喉咙上，垂挂着长有羽毛的、像胡须一样的肉垂，它们的头顶还长着一簇浓密的伞状羽毛。这个家族中的另一个成员是安第斯动冠伞鸟。雄性安第斯动冠伞鸟的羽毛是鲜艳的亮红色，它们会像松鸡一样，在特定的"求爱场"进行求爱表演。几只雄鸟会聚集在森林中的一个固定场所，昂首挺胸地走来走去，向色彩灰暗的雌鸟展示自己亮丽的羽毛。它们的近亲圭亚那动冠伞鸟则长着鲜艳的橘红色羽毛。

生活在中美洲和南美洲的小型的侏儒鸟会在森林里的"求爱场"进行奇异而精彩的求爱表演。一旦准备就绪，它们就立刻开始唱歌或者跳舞（有的品种唱歌，有的品种跳舞）。红顶侏儒鸟会走"太空步"——它们会以一系列快速的步伐沿着树枝迅速向后退。而雄性线尾侏儒鸟会上蹿下跳，并互相从同伴的背上跳过去。它们这种迷人的舞蹈和一种古老的西班牙求爱舞蹈非常相似。那些前来观看表演的雌鸟如果被雄鸟的舞姿打动，就会与之交配。然而，在交配之后，雌鸟要独自担负起养育幼鸟的重任。

燕子和云雀

燕子的飞行就像是一场航空表演。它们有着流线型的身体和长长的尾巴，能够突然加速，并用尖尖的翅膀优雅地向下俯冲。云雀则利用褐色的翅膀进行伪装，在地面上过着低调的生活，不过它们是优秀的歌唱家。

在北半球，燕子每年都会如期返回，给生活在乡村的人们带来无限的惊喜和宽慰。过去，当燕子在冬天消失的时候，欧洲人认为它们是到池塘底下冬眠去了。在北美洲，当地的印第安人经常用葫芦建一些特殊的巢穴，吸引紫崖燕回来居住。世界上其他地区的许多家庭也会为这些燕子建巢。在欧洲，云雀的歌声响彻了数百年的时光。

▲ 英国著名诗人雪莱在 1820 年，写了一首举世闻名的《致云雀》。在诗中，他用美丽的语言，满怀热情地描绘了雄性云雀在它的领地上空飞翔高歌的光彩形象。

春天的信息

在燕子家族中，大约有 80 个种类，它们广泛地分布在世界各地。北美洲的家燕在北半球繁殖，到南半球过冬。家燕是燕子家族中最典型的成员，它们有着流线型的身体，长长的、尖尖的翅膀和剪刀状的尾巴。它们的喙又短又宽，这使它们可以在飞行的时候，捕捉昆虫之类的猎物——它们能用喙"铲"起苍蝇和其他的昆虫。燕子的腿很短，脚也比较无力，但是与和它们外形相似的雨燕则不同，它们很容易在树枝上栖息。家燕都是筑巢专家，而沙燕会在河岸边挖掘隧道。还有一些燕子，如普通的燕子会在屋檐或者其他垂悬物下，建出敞口的、杯状的巢。毛脚燕有时会选择悬崖或者露出地面的岩层来建筑泥巢，不过在大多数情况下，它们还是会在平房的屋檐下或者在楼房的外壁上筑巢。

非洲的小纹燕倾向于在铁制的长廊、大桥或者房顶上建筑泥巢。非洲的红翎粗腿燕要么亲自挖洞，要么以天然的洞穴为巢。灰腰燕在小型啮齿动物的洞穴中筑巢。由于这些鸟儿都选择把家安在地下，所以它们只在旱季繁殖，以避免洪水淹没它们的家园。燕子是非常社会化的鸟儿，总是成群地栖息。在迁徙的时候，它们也会规模浩大地集体行动。

会唱歌的云雀

云雀属于百灵科。百灵科中大约有 90 种鸟儿，其中大部分生活在欧洲、亚洲和非洲，在北美洲只有一个种类——角百灵。角百灵是一种与众不同的鸟儿，它们的面部有着黑色和黄色的标记，头上

▲ 燕子长着又长又尖的翅膀和剪刀状的尾巴，身姿优美而且敏捷，能够飞到低处捕捉昆虫。燕子也在飞行中饮水，它们会俯冲下来，从池塘、水坑或者溪流中啜饮一些清水。

你知道吗？

要长，又不能太长

雌燕喜欢那些尾巴很长的雄燕。科学家们经过研究发现，那些拥有长尾的雄燕，在交配季节里更容易赢得配偶。但是如果尾巴太长的话，可能会影响燕子捕食昆虫的能力。所以对于雄燕来说，尾巴太长也不是一件好事。

◀ 毛脚燕常常在房檐下建筑泥巢——有时候，一大群毛脚燕会将巢建在一起。大约有3周的时间，成年毛脚燕会经常外出为它们的雏鸟寻找食物，这时，有些淘气的孩子就会开始打小毛脚燕的主意。

你知道吗？

被吃掉的燕子

据记载，在1995年的时候，西非有上百万只燕子，其中许多都是从欧洲迁徙过去的。它们的数量如此之多，以至于当地人每年冬天都会猎捕并吃掉约20万只燕子。环境保护主义者现在正在与当地居民一起，开发替代燕子的食物资源，比如建立蜗牛养殖场。

还有一对短短的黑色的“角”。大多数百灵都长着便于伪装的羽毛，因为它们大部分时间都要在地面上寻找昆虫和种子。它们有着又长又直的后爪，因此可以在草丛中健步行走。百灵科的鸟儿一般都长着短短的、圆锥形的喙，但是非洲的戴胜百灵长着长长的、弯曲的喙，它们用这样的喙来掘食昆虫的幼虫。

云雀们富有传奇色彩的歌声为行走在春天的田野上的人们提供了悦耳的背景音乐。但是最近几年，在那些农田密集的地区，云雀的数量已经大量减少。

雄性云雀在自己的繁殖领地上空飞翔的时候，会随口唱出动听的歌。它们会在空中越飞越高，然后再像降落伞一样徐徐落回地面。和所有的百灵科鸟儿一样，云雀通常在草丛中筑巢，并通过伪装将自己隐藏在捕食者的视线之外。

摆动尾羽

在地栖鸟类中，鹨和鹡鸰是非常引人注目的一群。相比之下，鹡鸰的羽毛更加醒目一些，它们通常是黑白相间的，比如斑鹡鸰，或者是黄色和褐色的，比如黄鹡鸰。鹨的颜色要单调一

▲ 黄鹡鸰常常会跟随着出来吃草的动物们。这些动物踩踏地面时，会惊扰到草丛中的一些昆虫，黄鹡鸰就抓捕这些昆虫为食。黄鹡鸰大约有12个品种，不同品种的雄鸟的头部是不太一样的。

▲ 一只黄喉长爪鹡鸰栖息在一根带刺的树枝上。长爪鹡鸰大约有8个品种，都生活在非洲。这种鸟在寻觅小昆虫时，通常会先站在篱笆或者土墩上，扫视一下周围的状况。

些，很难被辨认出来。和百灵科鸟儿一样，它们有着长长的后爪，能够在地面上四处走动，但是它们的身体比百灵更富流线型，尾巴也更长。鹡鸰会不停地上下摆动尾巴，但奇怪的是，亚洲山鹡鸰的尾巴是左右摆动的。

伯劳鸟

一只红背伯劳高高地站在它的"望台"上，在夏季的薄雾中探听石南树丛中的动静。一只仓鼠急急忙忙地从树丛中跑了出来，将自己暴露在了开阔地带。红背伯劳闪电般急冲而下，用它那强壮的钩状喙抓住了这只可怜的啮齿动物，并把它带到树枝上。然后，它把猎物挂在一根尖利的刺上，准备稍后食用。

伯劳鸟看上去不像鸣禽，倒像是微缩版的猎鹰。它们的喙是钩状的，爪子强劲有力。它们体态娇小，这意味着它们可以用昆虫填饱肚子，但是一些体形较大的伯劳也会食用小型哺乳动物、鸟类和爬行动物。世界上有 70 多种真正的伯劳，它们都属于伯劳科，大多生活在欧洲、亚洲和非洲，在北美洲只有两个种类——呆头伯劳和灰伯劳。

▲ 这只黄冠黑伯劳正泰然自若地站在地上，它的头上戴着金色的"帽子"，胸部呈鲜红色。这是一种害羞的鸟，经常躲在茂密的灌木丛中。雄鸟和雌鸟的颜色没有明显区别。

灌木丛中的觅食者

大部分生活在北方的种类，比如灰伯劳和红背伯劳，都是喜欢独居的鸟，但是一些热带种类，比如非洲的灰背伯劳，会成群地聚集在一起，嘈杂地四处游荡，寻找成群的飞蚁和其他昆虫。

伯劳通常生活在开阔的灌木丛中，因为那里有大量的栖木可供它们站在上面寻觅猎物。站在一个有利的位置上，伯劳能迅速发现地面上的动静，并敏捷地俯冲下来抓获猎物，但也有几个品种会在低处觅食。它们会在灌木丛下奔驰，就像一只仓皇逃窜的老鼠。许多伯劳都会在灌木丛中建筑杯状的巢。那些生活在北方的品种，在冬天会迁往南方较为温暖的地方。

许多伯劳都长着醒目的黑色、灰色和白色羽毛，面部还戴着一个粗犷的黑色"面具"。非洲南部有一种伯劳长着黑白相间的羽毛，以及长长的黑色尾巴，看起来威风凛凛，英气逼人。其他伯劳的身上大多点缀着鲜艳的色彩，比如红色或绿色。色彩最艳丽的伯劳是橙胸丛林伯劳，它们的胸部是明亮的橙色。尽管颜色醒目，但它们实际上是行迹隐秘的鸟，喜欢在茂密的植被丛中觅食。

伯劳的同族

伯劳有一些有趣的亲戚。其中最令人惊奇的是棘毛伯劳，这种色彩鲜艳的鸟生活在雨林中，通常与同伴组成群体一起行动。它们长着大大的钩状喙（这一点和伯劳很像），以昆虫为

▲ 这只漂亮的棕背伯劳戴着典型的伯劳式"佐罗"面具。近距离观察，我们可以发现它旁边的一根刺上，挂着一只死蚱蜢。好几个种类的伯劳都有把猎物挂在尖刺上的习性。

你知道吗？

日渐稀少的伯劳

在欧洲，惹人喜爱的红背伯劳在最近几十年里数量急剧下降。在英国，它们在野外已经绝迹了，人们只能在花鸟市场上见到它们。没有人知道它们的消失是由于长期的气候变化，还是因为开阔灌木丛林的减少使它们丧失了栖息之地。

蜡翅鸟是伯劳的近亲，它们在冬天的时候会改变食性，由吃昆虫转为吃植物的果实。在严寒的冬季，许多伯劳会离开它们建在北方森林中的家园，到气候较为温暖的地区去寻觅莓果。在蜡翅鸟繁盛的年份，观鸟者经常可以看到它们的身影。留有灌木篱墙的工业园区会吸引大量的蜡翅鸟。此外，相对于荒芜的农场，它们更喜欢光顾山楂果园。

◀ 这只成年南非丛林伯劳隐藏在杂乱的灌木丛深处，在它那用树枝和植物茎干建成的巢中喂养雏鸟。这种有着黄色腹部的鸟生活在南非，喜欢在灌木丛林的底部寻找昆虫作为食物。

大开眼界

和谐一致

一些生活在热带地区的伯劳会和配偶一起表演动听的"二重唱"。雄鸟和雌鸟的歌声中包括呢喃、咆哮，以及一串像铃声一样的音符。雄鸟和雌鸟的歌声完全同步，听起来就像是由同一只鸟唱出来的。每对伯劳都有自己与众不同的"保留曲目"。生活在非洲的活泼的黄冠黑伯劳也是二重唱大师。一对黑伯劳夫妇会以一唱一和的方式进行二重唱表演。

▶ 一只雌性红背伯劳嘴里叼着猎物站在栖木上。这种伯劳以昆虫为食——它们会从栖木上俯冲下来扑向猎物。它们也可能吃鸟类、青蛙和蝙蝠。这种鸟还有一个名字叫"屠夫鸟"，因为它们会把自己的猎物挂在尖刺上。这种鸟在非洲过冬，春天的时候就飞到欧洲、西伯利亚和西亚。

食。它们的名字来源于头上那像刚毛一样的羽毛。生活在马达加斯加的钩嘴鵙是另一种与众不同的鸟，不过人们对它们的习性知之甚少。生活在马达加斯加北部地区的盔鵙长着巨大的喙，它们在茂密的雨林中成群结队地觅食——它们很可能吃树蛙和爬行动物。生活在非洲的盔鵙是一种非常社会化的鸟，它们的眼睛周围通常有着独特的颜色，比如，长冠盔鵙的眼周有一圈没有羽毛的明黄色皮肤。长冠盔鵙以昆虫为食，常常组成嘈杂的群体集体觅食。

▲ 从侧面看，长冠盔鵙长着威武的鹰钩鼻，以及黄色的眼圈。它们是一种嘈杂的社会化的鸟，会成群地在树枝和树干之间穿梭，觅食昆虫。

画眉

在雀形目鸟类中，画眉鸟是个大家族。它们广泛生活在世界各地的森林、沙漠、花园以及农场的各个角落中。

在鸣禽中，画眉是最大的鸟类家族之一，大约有 300 个品种。它们是小型鸟类，中等大小，喙部纤细，在世界各地都能看到它们的踪影。在它们中，包括很多样子相似的欧洲鸟类，比如知更鸟、山鸟、歌鸫，以及一些最好的鸣禽。这个家族可以被分为两类，一种是真正的画眉，如山鸟和歌鸫；另一种是较小的鸫，比如知更鸟和野鸲。

生活在欧洲、北非、中东和中亚地区的歌鸫及槲鸫，颜色都和典型的画眉一样，身子上部呈褐灰色，胸部有斑点。其他有斑点的种类还包括黄褐森鸫、田鸫、红翼鸫和栗头鸫。在北方地区繁殖的画眉冬天会迁徙到南方去，因为它们主要以昆虫和其他无脊椎动物为食，而这些猎物在寒冷的季节里都很稀少。麦翁是大自然中数量最多的一种迁徙鸟。有一些麦翁在北极地区

大开眼界

潮湿的口哨声

亚洲的紫啸鸫主要生活在森林和山涧溪流中。它们的羽毛是深蓝色的，羽毛尖端是银蓝色的，能够折射光线，使之看上去闪闪发亮。当它从一块漂石跳到另一块漂石，并且在流淌的水中涉水而过时，在咆哮的急流上也能听到它的歌声。成对的鸟儿会占据自己的领地，并在潮湿的岩石周围、苔藓或者在水面上寻找昆虫。

▶ 对这种矶鸫来说，蜥蜴是很好的猎物。矶鸫主要以大型昆虫和莓果为食。雄性鸟儿全身色彩鲜亮，歌声非常美妙。

繁殖，在非洲过冬，为了迁徙到过冬的地区，有时它们会旅行1.1万多千米。在它们的旅途中，它们会穿越格陵兰岛的冰原和酷热的撒哈拉沙漠。

许多欧洲画眉的羽毛呈单调的土褐色，但也有一些画眉有着鲜艳明亮的颜色。欧洲知更鸟、红点颏和蓝喉歌鸲的身子前面只有少许颜色，而生活在欧洲南部多岩石的、干燥地区的矶鸫，则有着明亮的红色及暗蓝色。绿宽嘴鸫的颜色更加鲜艳，这种画眉生活在喜马拉雅的山区森林中。在北美，东蓝鸲有着漂亮的蓝色和红色，生活在林地边缘、公园及花园中。

▲ 这只雄性知更鸟正在通过歌声来保卫它的领地。它会用惊人的暴力，攻击任何一个入侵者，有时甚至会"殴打"至死。

鸫和鹪鹩

在这类鸟儿中，许多鸟都以美妙的歌声享有盛名。其中最有名的可能是夜莺。这种知名的鸣禽，身上颜色很单调，样子相当不好看，就像一只没有红色胸部的羞涩的知更鸟。它躲藏在繁茂的灌木丛和树林中。但是好几个世纪以来，它的歌声给予了诗人和音乐家们以灵感。鹪鹩是画眉的近亲。它们是小型的、繁忙的鸟类，尾巴通常都朝上直直地伸着。鹪鹩的羽毛通常是褐色、灰色和白色的。它们用尖利的喙啄食小昆虫。尽管它们很小，但是它们能够通过大声鸣叫或歌声来引人注意。

河乌看上去像大大的、矮胖的鹪鹩。它们生活在流速极快的江河和溪流中。和其他鸣禽不同，它们沿着溪流底部，在水下行走寻找猎物。人们相信它们是利用水的力量使自己沉入水中的。

▼ 这只栖息着的北方鹪鹩的尾巴竖立着，喙里塞满了幼虫。它是一种小型的、专吃昆虫的鸟，主要生活在美洲。

▲ 这只亚洲的红尾噪鹛的头部是橙色的，翅膀和尾巴是猩红色的。在它的家族中，这是一种漂亮的鸟儿。

画眉和秃鸦

有一个像画眉的鸟类家族，它们是雀鹛和噪鹛。雀鹛大多身子短小，长着褐色或灰色的羽毛，但有一些的颜色也很鲜艳。许多雀鹛都有长长的尾巴，大多数生活在树上。它们主要生活在欧洲、非洲、亚洲和澳大利亚的森林与灌木丛中，以水果和昆虫为食。与大型鸟类相比，噪鹛只是中等大小，主要生活在亚洲。它们身上的颜色是褐色、黑色或复合色，在繁茂的丛林中跳跃，拣食种子、水果和昆虫。

飞向南方的画眉

红翼鸫和田鸫都是要迁徙的鸟儿。冬天，它们离开自己繁殖的亚北极地区，飞往温暖的欧洲和西南亚去觅食。它们主要以无脊椎动物为食，但是在冬天，它们也会吃欧洲花楸、山楂果和其他水果来维持生存。

红翼鸫
红翼鸫约 20 厘米长，长着红色的后翅和苍白色的眼环。

田鸫
田鸫的背部是褐栗色的，头部是灰色的，臀部和尾巴都是黑色的。它和槲鸫的大小差不多。

在雀形目鸟类中，最奇怪、最神秘的是岩鹛，它们也被称为秃鸦。这种鸟类有两个品种，都生活在西非森林中遥远的岩石地区。很少有鸟类学家看见过它们。岩鹛的头部皮肤是光秃秃的，没有羽毛，其中一个种类的皮肤颜色呈黄色，另一个种类的皮肤颜色呈粉红色。它们都是长腿，喙像乌鸦。这两种鸟都会沿着溪流或者在洞穴中觅食昆虫和其他的淡水生命。它们会建造大大的泥巢，这些巢都在洞壁之上。

鹟鸟

以各种各样的昆虫为食。有时，它们会在半空中捕捉蚊子；有时，它们会从叶片下"收集"昆虫的幼虫；有时，它们还会捕食甲虫。就连那些肌肉发达的爬行昆虫也成了它们的囊中之物。

20 年来，鸟类观察家们在遍布西欧的橡木林里建造了许多巢箱，用来欢迎一些特殊的夏日游客——漂亮的斑姬鹟。雄性斑姬鹟的羽毛黑白相间，特别醒目。斑姬鹟喜欢在光影斑驳的林荫中觅食昆虫，但是近年来，它们的数量随着筑巢点的减少而减少。鸟类观察家们发现，这种鸟很乐意在巢箱中营巢。在一些树林里，人们为这些鸟修建了许多人工巢穴，从而使斑姬鹟的数量急剧上升。

观察并等待

鹟科鸟类主要由两大家族组成：一个是旧大陆鹟，大约有 110 个品种；另一个是王鹟和扇尾鹟，大约有 130 个品种。此外，模样古怪的眼瘤鹟、非洲的喷背鹟和色彩鲜艳的澳大利亚鹟莺也包含在这个群体之中。

◀ 图中这只斑姬鹟刚捉到一条昆虫，此时正在返回巢穴的途中。与许多鹟一样，这种鸟通常在空中捕捉昆虫。有些品种则喜欢突袭地面上的昆虫。

这些鸟都以昆虫为食。旧大陆鹟（比如斑鹟）的体长通常与麻雀相当，羽毛颜色也比较单调。但是，那些生活在热带地区的鹟通常都长有亮丽的羽毛。在所有的鹟科鸟类中，最与众不同的是棕腹仙鹟。雄性棕腹仙鹟非常漂亮，它们的背部羽毛是亮蓝色的，面部羽毛是黑色的，下体羽毛是橙色的。棕腹仙鹟主要栖息在东亚地区茂密的山林中。

许多鹟并不主动搜寻昆虫，而是站在栖木上等待昆虫从身边飞过。它们一旦发现昆虫，就会迅速地冲过去将其抓住。有些鹟喜欢在树叶间猎食昆虫，还有一些鹟喜欢觅食地面上的昆虫。鹟的喙又短又宽，这有助于它们在飞行中"铲"食昆虫。

鹩莺

乍一看，澳大利亚鹩莺与欧洲鹩莺和北美鹩莺很像。但是，澳大利亚鹩莺与鹟和莺的亲缘关系更近一些。雄性澳大利亚鹩莺的羽毛颜色很鲜艳，通常为蓝色、黑色和红色。

在所有细尾鹩莺中，最迷人的是雄性壮丽细尾鹩莺。它们的羽毛为亮蓝色，看上去非常漂亮。尽管如此，它们在求爱表演中偶尔还是会用亮黄色的花瓣作为"道具"。鹩鹩莺的尾羽很长，也很蓬松，看上去与鸸鹋的尾羽很像。

▼ 图为一只雄性杂色细尾鹩莺，它的嘴里正叼着一条刚捕捉到的竹节虫。细尾鹩莺主要分布于澳大利亚，它们的尾羽较长，并且向上翘起，雄鸟的羽毛颜色较为艳丽。

▲ 一只非洲寿带雏鸟正在整洁的杯形巢中向"父亲"乞食。非洲寿带的巢由树根、蜘蛛丝和苔藓编织而成。雏鸟旁边是一只成年雄性非洲寿带，它拖着一条长长的、绶带一般的尾巴。雄性绶带的尾羽通常可以长到20厘米左右。

▲ 在所有的鹟科鸟类中，雄性棕腹仙鹟的羽毛颜色最为丰富。它们主要分布在喜马拉雅山脉和东亚的部分地区。它们喜欢在灌木丛和地面植被中觅食蚂蚁、甲虫和其他昆虫。

引人注目

王鹟主要栖息在非洲、亚洲和澳洲的热带森林中。其中，最引人注目的当属漂亮的寿带。就体色而言，寿带可以分为白色型和栗色型两种。但是，这两种寿带也有共同之处：眼圈周围的皮肤没有羽毛覆盖，颜色均为亮蓝色。雄性寿带的尾羽非常长，大约有 20 厘米。寿带通常在树杈上营巢。它们的巢呈杯状，主要由蜘蛛丝和一些植物性材料编织而成，看上去非常整洁。

在澳大利亚的鹟科鸟类中，船嘴鹟最为引人注目。它们的喙又宽又扁，喙基长有须羽（嘴须），这有助于船嘴鹟捕食飞行中的昆虫。

▲ 绯红澳鹟主要栖息在澳大利亚干旱地区的低矮植被上，它们通常觅食昆虫和花蜜。当雨季来临，沙漠植物开花时，绯红澳鹟便会去吸食花蜜。

你知道吗？

夏威夷蚋鹟

夏威夷群岛位于太平洋中部，这里栖息着许多珍稀鸟类，有些甚至是岛上独有的物种。夏威夷蚋鹟就生活在这些遥远的岛屿上。它们长有褐白相间的羽毛。当它们休息的时候，尾巴朝上翘起。它们通常从树干和树叶上搜寻昆虫，有时也会在空中捕食昆虫。

在人类活动的影响下，夏威夷群岛上的许多鸟类正面临着严重的生存危机。大量的树木遭到砍伐，鸟儿们失去了许多栖息之地。一些哺乳动物被引进岛内，其中不乏鸟类的天敌。岛上移民带来的疾病也威胁着鸟类的生命。尽管夏威夷蚋鹟并没有受到直接威胁，但是，在最近的几十年里，岛上已经有好几种鸟类灭绝了。

船嘴鹟以森林昆虫为食，觅食范围比较广泛，包括蛾、蝴蝶、蟋蟀和甲虫等。

眼瘤鹟也很特别。它们分布于非洲地区，体形矮胖，眼部周围通常长有鲜艳的肉垂。与大多数鹟不同，眼瘤鹟喜欢成群地在树叶间搜寻昆虫，这点与山雀很像。棕喉眼瘤鹟通常栖息在森林开阔地、农场、花园和西非的红树林中。即便在远处，人们也能将其辨认出来，这是因为在它们的眼睛上方长有鲜红色的肉垂。

山雀

山雀的英文名 tit 来自古老的冰岛语，意思是小鸟或其他微小的东西。这群鸟儿的体形确实不大，但是它们都长着色彩斑斓的漂亮羽毛。

山雀、太阳鸟、啄花雀和吸蜜鸟都属于同一个家族，它们的体形都很小，但却具有高超的飞行能力，主要生活在林地和灌木丛中。

虽然山雀家族中只有 50 个种类，但是，这个家族中的鸟儿都很有名，因为它们经常飞到城镇的花园里觅食。大山雀和青山雀是最常见的种类，它们的平衡技巧常常逗得人们哈哈大笑。大山雀擅长寻找新的食物，可是它们的这种习性在英国引发了一些问题。早上，送牛奶的人会把牛奶放到主人家门外的台阶上，大山雀就趁机偷食。它们会抢在睡眼蒙眬的主人穿着拖鞋出来取牛奶之前，把瓶口的锡纸啄破，畅饮里面的牛奶。

▼ 卡佛食蜜鸟会用它们细长的喙在大朵的山龙眼花中探寻花蜜。然而，更多的时候，卡佛食蜜鸟会在半空中觅食昆虫。在南非的最南端，有成群的卡佛食蜜鸟在山坡上游荡。

你知道吗？

蜘蛛的克星

捕蛛鸟是一种毛色灰暗的太阳鸟。它们经常在蜘蛛网前盘旋，用又细又长的喙将正在休息的蜘蛛从蛛网上抓起来。它们也食用花蜜——尤其是香蕉花的花蜜。捕蛛鸟的巢通常都建在植物的叶片下面。

娇小的青山雀主要生活在欧洲、中东和北非地区，它们一次能产约 15 枚蛋，这个数字在所有的鸣禽中雄踞榜首。在春天，它们的雏鸟会叫个不停，父母们则任劳任怨地忙着给雏鸟寻找毛虫和昆虫幼虫。每年都有 70% 左右的鸟儿死去，因此它们的平均寿命非常短。

煤山雀主要生活在欧洲、北非和亚洲地区。黄山雀生活在中国，它们喜欢在天然的树洞中，用青苔铺建巢穴。其他的种类，比如凤头山雀、沼泽山雀和褐头山雀，会在疏松的树干和腐烂的树桩上掘洞为巢。在冬天的北美洲，黑顶山雀在林地和花园中十分常见。

▲ 小巧玲珑的黄头金雀是攀雀的近亲，它们主要生活在墨西哥北部和美国西南部的沙漠中。它们在仙人掌和多刺的灌木上筑巢，并利用植物的刺保护自己。

巨型山雀

在花园以外的地方，还有一些与众不同的山雀家族成员。首先是绚丽的冕雀——这种鸟儿可谓山雀家族中的巨人，它们的体形足有八哥那么大。它们主要生活在亚洲的森林里，长着艳丽而富有光泽的黄绿色羽毛。在喜马拉雅山脉东部发现的一种冕雀还长有非常独特的黄色羽冠。

长尾山雀和攀雀是近亲。长尾山雀有着长长的尾巴，身子看起来就像一个毛团。在冬季，它们成群聚在一起，用尖锐的叫声彼此交流。成年长尾山雀会用苔藓、蛛丝和动物的毛发建造穹顶形的巢，并在里面铺上柔软的羽毛。在巢内，它们一次要喂养 10 只雏鸟。唯一一种生活在北美的长

▲ 几只大山雀正在树桩上觅食，一只青山雀紧随其后。冬天，不同种类的山雀会聚集在一起，四处游荡，寻找食物。

尾山雀就是丛山雀。攀雀的巢很有特色，像口袋一样悬挂在树枝上。

树干上的脚步

在冬天，成群的山雀常常和旋木雀一起四处流浪。这些鸟儿看起来就像微缩版的啄木鸟。

大多数的背部是蓝灰色的，腹部是灰白色的。它们沿着树干和树枝搜寻昆虫和种子。无论向上爬还是向下爬，它们的脑袋都是朝前的。东欧和亚洲地区的山雀主要栖息在悬崖和古老的石头建筑中，它们会在岩石裂缝中建造漏斗形的泥巢。

在高山地区，旋壁雀扮演着山崖的角色。这种鸟除了在悬崖上攀爬，还会进行短距离的飞行，在飞行中，它们会展开红色的翅膀。旋壁雀的爪

▲ 一只长尾山雀的雏鸟正在精致的穹顶形巢穴的侧面开口处向成鸟乞食。成年山雀用蛛丝、苔藓和动物毛发建了这个巢穴。长尾山雀的外表非常可爱，它们有着像毛团一样的略带肉色的身子，身后长着一条长长的尾巴。

艳丽的太阳鸟

太阳鸟体态娇小，鸟喙长而精致。它们可以说是生活在非洲和亚洲的"蜂鸟"。和蜂鸟一样，每个种类的太阳鸟都进化出了独特的喙和进食习性，以适应特定种类的花朵。

羞怯的飞行者
这对双领花蜜鸟正在吸食石南花的花蜜。它们的飞行能力并不像蜂鸟那么强，但是它们既能一边飞行一边吸食花蜜，又能站在固定的地点吸食花蜜。

吃独食的鸟儿
和许多太阳鸟一样，这种丽色花蜜鸟也会将又细又长的喙，伸进喇叭形状的花朵中吸食花蜜。太阳鸟会对花蜜丰富的花朵加以保护，防止其他鸟儿前来进食。

◀ 一只青山雀正在对付一袋坚果。冬天，当食物稀缺的时候，青山雀会来到城镇中觅食。在繁殖季节里，青山雀是一种领地性的鸟儿，它们会通过富有侵略性的表演，阻止入侵者进入它们的领地。

山雀的社会群体

　　夏天，成对的黑顶山雀会捍卫自己的繁殖领地。在冬天的时候，几对鸟儿（5对左右）会聚集在一起，共同保护它们的过冬地。那些孤单的流浪鸟会穿梭在三四个不同群体之间。在群体内部，成员之间是有等级秩序的，其中，流浪的小鸟地位最低。在流浪鸟之间也有等级之分。

　　当春天来临，只有地位最高的鸟儿才能繁育后代，因为在领地中没有足够的食物供所有的鸟儿养育幼鸟。流浪鸟没有资格繁殖，但是，如果地位最高的鸟儿病死，或者因为掠食而被杀死，地位最高的流浪鸟就会填补它的空缺，并在春天繁殖。通常来说，流浪鸟比领地中地位较低的鸟儿有更多的生育机会，因为那些地位低下的鸟儿根本没有"升迁"的机会。

钟爱半边莲
许多太阳鸟都有自己最钟爱的花朵。红簇花蜜鸟特别喜欢拜访生长在高高的山坡上的植物，如半边莲。不过，它们也会吃大量的昆虫。

灿烂的金属色
这只橙胸花蜜鸟紧紧抓住一株石南花，并伸长脖子吸食花蜜。这些鸟儿会成群聚集在花朵周围。雄鸟全身长满华丽的、光彩夺目的金属色羽毛，相比之下，雌鸟和尚未到繁殖年纪的雄鸟的羽毛就显得寒酸多了。

子非常大，能帮助它们爬上陡峭的藏身地。在喜马拉雅山区，它们生活在海拔 5000 米的地方。

　　旋木雀是一种褐色的小鸟，长着长长的、略微有些弯曲的喙。它们生活在林地中，在树干和树枝上觅食昆虫。旋木雀只能上爬，不能下爬，一旦到达了一棵树的树梢，它们就飞到另一棵树的底部，然后再开始向上爬。

品尝花蜜

　　啄花雀生活在非洲。它们体态娇小，色彩鲜艳。有些啄花雀生活在槲寄生（一种寄生灌木）树丛中，并把这种寄生植物的种子散播到其他植株上。

　　啄果鸟生活在澳大利亚，外表看起来很像山雀。它们是啄花雀的近亲，但是它们喜欢在高高的树冠上进食。它们的主要食物是昆虫，以及介壳虫在吸食树液时制造出来的甜甜的蜜汁。绣眼鸟以花蜜为食，在这些鸟儿的每只眼睛上，都有一个白色的环。它们的舌尖像刷子一样，很方便获取花蜜。

它们也爱花蜜

　　顾名思义，吸蜜鸟也以花蜜为食，它们主要生活在澳大利亚和太平洋地区。体形最大的吸蜜鸟有乌鸦那么大。有一些吸蜜鸟的脖子和头部长有奇怪的肉垂。生活在新西兰的秃儿吸蜜鸟长着华丽的深色羽毛，雄鸟还长有一个白色条状的"颈圈"。在唱歌的时候，"颈圈"会不停地上下抖动。有一些吸蜜鸟，如矿鸟，会成群地聚居在一起。钟矿鸟会发出重复的"叮咚"声，而黑头矿鸟是一种富有侵略性的鸟儿，它们会和同类聚集起来，把不受欢迎的异族驱逐出去。

黏黏的浆果

　　澳大利亚的槲寄生鸟吃槲寄生的浆果，浆果会快速穿过它们的胃和短短的肠道并被排泄出来，只有少量的食物能被吸收。槲寄生鸟排泄出来的浆果都是半消化的，而且黏性很大。它们会站在树枝上排便，这样槲寄生的种子就不会掉在地上，而是会粘在树枝上，并在那里发芽。

吸蜜鸟

虽然大多数吸蜜鸟都吸食花蜜，但是体形较大的吸蜜鸟也会寻找一些昆虫作为食物。它们喜欢在高大的乔木上或灌木丛中，筑起杯状的巢。

好看的肉垂
生活在塔斯马尼亚岛和国王岛上的黄色垂耳鸦，是体形最大的吸蜜鸟。它们曾经是人们的猎捕对象。这种鸟儿很容易被辨认出来，因为它们的双颊上各有一条黄色的肉垂。

雨季的盛宴
蓝脸吸蜜鸟的生活范围很广，从澳大利亚的东南部到北部的热带地区，都能发现它们的踪影。它们的主要食物是昆虫。当雨季到来的时候，昆虫尤为繁盛，它们就可以大饱口福了。

秃头吮蜜鸟
喧闹的秃头吮蜜鸟生活在澳大利亚东部地区，它们相貌猥琐，而且富有攻击性。它们的头是黑色的，头上的皮肤是裸露的，在它们巨大的喙上，还长有一个球状突起物。它们成群地聚集在一起吃水果，为一口食物争来抢去。人们经常可以看到这些鸟儿在花蜜丰富的桉树花和山龙眼花周围打架。

▲ 藏在树缝里的旋木雀雏鸟正在等待父母和食物的到来。回来给雏鸟喂食的成年旋木雀会沿螺旋形路线爬上树干和树枝，慢慢靠近雏鸟。一旦爬到顶端，它们就飞到另一棵树的根部，然后再向上爬。

▲ 一对生活在非洲的黄绣眼鸟正在展示它们那漂亮的眼睛。它们的舌尖像刷子一样，非常便于舔食花蜜，但是在很多时候，绣眼鸟也会捕食昆虫，或者吃一些植物的果实。

雀类

从16世纪开始，会唱歌的金丝雀就一直是欧洲鸟类爱好者的骄傲和乐事。此外，它们还对毒气非常敏感，一度被煤矿工人用作早期的报警系统。雀类无论在田野上还是在笼子里都以种子为食，这是它们的典型特征。

当稀疏的黍和高粱在中非明媚的阳光下成熟后，就会有一张张焦虑的脸望着地平线，警惕着一团浓密的螺旋状"云朵"渐渐逼近。随着这些"云朵"慢慢地布满天空，那遥远的、高亢的叫声也越来越大。这并不是一团普通的"云"，而是成千上万只聚集在一起的红嘴奎利亚雀——这是一种胃口极好的、长得和麻雀很像的鸟。在它们所经之处，草和谷物的种子会很快被剥食殆尽。

红嘴奎利亚雀可能是世界上数量最多的一种鸟，总数大约有100亿只。它们属于一种体形较小的、以种子为食的鸣禽，包括鹀、唐纳雀、雀类、麻雀和织布鸟等。尽管它们看上去非常相似，却分属于三个不同的种类。鹀、红主雀和唐纳雀大约共有550种，它们都属于鹀科。雀科大约包含125种雀类——管舌鸟科有时候也被归为雀科。麻雀和织布鸟属于文鸟科（大约有160个种类）。这个群体中还包括森莺——尽管名叫"莺"，但是它们和鹀的亲缘关系实际上要比和莺的亲缘关系更近。

种类丰富的鹀

鹀是一种短小粗壮的鸟，长着厚厚的、圆锥形的喙，这种喙适于剥开种子。它们主要生活在世界各地开阔的草地上。鹀会在低矮的灌木丛和草丛中建筑杯状的巢。雄鸟的颜色通常要比雌鸟鲜艳。雪鹀是所有生活在陆地上的鸟

▲ 生活在澳大利亚北部的林地和灌木丛里的七彩文鸟可能是所有鸟类中颜色最为艳丽的，它看起来就像从颜料盒里走出来的一样。它那圆锥形的喙是典型的雀类的喙。

▲ 这群躲藏在芦苇丛中的骨瘦如柴的芦鹀幼雏张开大嘴，等待着雄鸟带回食物——种子、淡水蜗牛、甲虫或者毛虫。

▲ 这只鸟是一只普通朱顶雀，它在桤木、桦树和针叶树的枝叶之间搜寻水果和昆虫为食。

类中繁殖地点最靠北的——它们在格陵兰岛和北极圈寒冷的苔原地带的巢中度过短暂的夏天。

在冬天的那几个月里，鹀通常成群地聚集在一起，游荡在乡野间寻找食物。在英国，曾经有一段时间，田野里四处洒落的谷粒和未收割的谷物吸引着大群的鹀，但是今天，由于农业生产技术的提高，庞大的鹀群已经很少见了。在西欧，黄道眉鹀已经在大片的区域内消失了，部分原因是农业生产格局的改变。

在英国，人们最熟悉的鹀是黄鹀。雄鸟有着亮黄和栗色的羽毛，乡村的人们对它们的歌声非常熟悉。

北美洲最吸引人的一种花园鸟类是红主雀。雄鸟尤其好看，有着砖红色的羽毛、鸟冠以及黑色的面颊。雌鸟的颜色要暗淡一些。

这一群体中生活在北美的种类还有森莺。它们看上去很像旧大陆的莺，而且行为方式也十分相似，也以林地和灌木丛中的昆虫为食。许多森莺每年都会迁徙到北方，在美国和加拿大的森林和树林中繁殖。

唐纳雀主要出现在美洲的热带地区，它们的色彩异常艳丽，身上分布着大片醒目的红色、黄色、绿色和蓝色。它们生活在森林的边缘和伐木地带，主要以种子和水果为食。但是有一些种类，比如玫红比蓝雀，也吃昆虫。灰头唐纳雀会追随兵蚁的踪迹，食用那些被前进的蚁群从藏身之地驱赶出来的昆虫。

管舌鸟是唐纳雀的近亲。这种鸟和许多生活在岛上的鸟一样，进化得可以充分利用能找到的各种食物资源。有些种类长着和雀类一样的能够啄取并剥开种子的喙，而有些种类长着长长的、弯曲的喙，可以吮吸花蜜或者把昆虫从树皮裂缝中挖掘出来。许多管舌鸟因为不能适应生活环境的迅速变化，数量变得十分稀少了，或者已经灭绝了。

雀鸟的节日

雀类是常见的花园鸟，生活在欧洲和北美洲。它们通常体形很小，色彩艳丽，以种子和水果为食。有一些鸟，比如蜡嘴雀和交喙雀，为了吃到自己喜爱的食物而进化出了形状特殊的喙。蜡嘴雀的喙很厚，腭肌非常有力，能把樱桃核分开；交喙雀的喙的末端是交叉在一起的，能够撬开冷杉的果实，吃到富含营养的种子。

▲ 一对美丽的五影唐加拉雀彼此背对着，避免看见对方五光十色的外衣。这种鸟在亚马孙森林的低地中觅食水果和昆虫。

◀ 这只生活在中南美洲的红脚旋蜜雀长着长长的、弯曲的喙，这种喙是吸食花蜜的理想工具，但是它也能用来捕捉昆虫。雄鸟在繁殖季节里会长出鲜明的蓝色羽毛，繁殖季节过后，这些亮蓝色羽毛就会变成绿色。

柳条巫术

乡村织布鸟的大型繁殖群体是非洲村庄和城镇里常见的风景。雄鸟需要经过练习，才能拥有完美的织巢技巧。

检查员
当巢织完后，雌鸟会来检查工作，然后把羽毛和柔软的植物铺在巢内。

啊，多么复杂的巢
雄鸟先用织巢的材料在树杈上编出一个环形作为巢基。

舒适的休息室
用打结和扭曲的草叶织好基本的圆环后，雄鸟接着编出一个有屋顶和入口的卵形房间。

大开眼界

达尔文的雀鸟

19 世纪 30 年代，自然科学家查理·达尔文在加拉帕哥斯群岛上研究雀鸟时，注意到尽管这些鸟看上去很相似，但它们的喙却是完全不同的。他提出这样一种观点：最初有一种雀飞到这片岛屿上，并在岛上进化出了 13 个种类——它们通过生活在不同的生活环境中、吃不同种类的食物来避免竞争。喙的不同大小和形状反映了雀鸟不同的进食方式。有些雀长着大大的、善于剥开种子的喙，而其他一些雀类则长着细长的、善于摄食昆虫的喙。

许多雀类都有着明艳的色彩，尤其是梅花雀。由于它们的美丽，梅花雀经常被大肆猎捕，并被关养在笼子里进行售卖。

被驯养的金丝雀被人工繁殖成了几个品种，从糟糕的格洛斯特到蜥蜴一般的杂色金丝雀，还有橙色的诺里奇。在它们的来源地加那利岛上，野生金丝雀并不像被关养的金丝雀这么色彩艳丽，而且雄鸟和雌鸟的颜色也是不一样的。

由于人类对这些观赏性鸟类的持续需求，很多迷人的野生物种，比如七彩文鸟，在某些地方的数量已经大幅减少。野生雀类的数量也有增加的时候。例如，在亚洲很受欢迎的笼养鸟爪哇禾雀，就有一些从笼中逃了出去，并建立了一个野生群体。

麻雀和织布鸟

织布鸟和麻雀都是雀类的近亲。它们当中包括一些进化得最为成功的鸟类。只要有人类居住的地方就能发现家麻雀的踪影。这种适应能力极强的鸟主要以种子为食，但凡是能找到的东西它们都吃，从谷粒到餐桌上的剩菜剩饭。在温暖的气候里，麻雀一年四季都可以繁殖，一共能够产下七窝雏鸟。它们通常在屋顶上挖洞并筑成不太整洁的巢。

▲ 漂亮的高耸的鸟冠和猩红色的羽毛是红主雀最显著的特征。红主雀那圆锥形的喙是处理种子的理想工具。它们会用带槽的上喙把种子固定住，同时用边缘锋利的下喙向前碾，将种壳碾碎。

▲ 这只身长只有13厘米的雄性乐园维达鸟长着长达约28厘米的宽阔的尾羽，以此吸引雌鸟的注意。这是一种巢寄生鸟，它们会将自己的蛋产在梅尔巴雀的巢中，小维达鸟就由养父母抚养长大。

▲ 树麻雀是家麻雀的近亲，二者可以通过栗色的头顶以及黑色的颊斑区分开来。树麻雀生活在开阔的林地、公园、农田和果园中，它们用干草筑巢，而且通常把巢建在树洞里。

▲ 生活在欧洲、亚洲和北非的蜡嘴雀长着大大的脑袋和巨大的喙。它们能碾碎不同树木的种子，在夏天也会食用昆虫。但是只有在对付坚硬的种子，比如樱桃核时，蜡嘴雀巨大的喙和有力的腭部肌肉才能发挥出自己真正的优势。

织布鸟拥有一个庞大的家族，它们生活在热带地区，主要是在非洲森林和南美大草原上。织布鸟以种子为食，大部分身形短粗，长着短小的喙、短短的尾巴，能够编织出精美的巢。

雄性织布鸟在繁殖季节里通常有着醒目的羽毛，而雌鸟和未到繁殖季节的雄鸟则是土褐色的。这种鸟会用树叶或者其他植物建造复杂的悬挂的巢。它们会灵巧地运用喙和爪子，结合良好的视力和协调的头部动作，把叶子打结、环绕、扭曲，建成一个封闭的巢。有一些种类会单独建巢，或者聚集成小群体在一起建巢，但是许多织布鸟都会组成大规模的繁殖群体。

最优秀的筑巢能手之一是乡村织布鸟，这是非洲最普通的一种织布鸟。有时候会有几百对织布鸟在同一棵树上筑巢，每对鸟都生活在自己悬挂在树上的球形巢中，这些巢通常都有一个天窗。非洲牛文鸟会建造巨型的公用巢，这是它们的栖息和藏匿之地。每只雄鸟都有一个巨大的用棍棒支撑的巢，里面有几个小房间，每个小房间里住着一只雌鸟。有时在一棵大树上能发现好几个这样的巢。生活在亚洲的雄性黄胸织布鸟会在树枝上、电话线上，或者房顶上建造出精美的悬挂着的球形巢。巢一建好，雄鸟就会把它展示给雌鸟，并试图以此吸引雌鸟。草叶、稻草和甘蔗叶都是黄胸织布鸟筑巢的原材料。

一些雄性维达鸟和寡妇鸟——它们都是麻雀的近亲——进化出了巨大的尾羽，在繁殖季节里，它们会在特殊的飞行展示中炫耀这些羽毛。生活在肯尼亚和坦桑尼亚的杰克逊寡妇鸟会在热带地区的草地上建巢。这种鸟会通过一系列迷人的跳跃姿势猛冲向空中，它们的长尾会弓在背上以吸引雌鸟的注意。

乌鸦和八哥

乌鸦家族的成员名声不佳，人们一直认为它们是不祥的鸟。在这个群体中，有一些种类是形迹恶劣的农业害鸟，还有一些是鸟食台上的恶霸。不过也有一些乌鸦被人们豢养，英国古堡伦敦塔里的渡鸦还被认为是伦敦塔的守护者。

乌鸦和八哥常常被认为是鸣禽家族中的"流氓"。大多数人都喜欢友好的画眉和擅长飞行特技的山雀前来造访自己的花园，而嘈杂的八哥则不太受欢迎。在乌鸦家族中，就连最漂亮的鸟都被看成入侵者和海盗，人们还总是频繁地将渡鸦与坏运气联系在一起。尽管如此，这类具有高度适应性的鸟仍然算是一个迷人的群体。

◀ 哇！这只大嘴乌鸦将脖子直直地伸着，大叫了一声。这是鸦科动物典型的鸣叫姿势。这种鸟生活在亚洲，它们的嘴很大，爱吃腐肉。它们不仅在人们的野营地点偷食剩菜，还会抢劫其他鸟的巢穴，然后将自己的战利品藏在附近的排水管中。

漂亮的八哥

▲ 这只栗头拟椋鸟正在巴拿马的森林里制造出一种聒噪的叫声。栗头拟椋鸟和黑鹂、拟八哥是近亲，它们以垂悬在树枝上的长达1米的袋状巢而闻名。在一个大型繁殖区里，最多能找到100多个鸟巢。

八哥家族人丁兴旺，这个家族中许多鸟的毛色都很鲜艳。在这个家族中，大约有110种鸟，其中大多数都生活在亚洲和非洲的热带地区。

八哥是非常社会化的鸟，常常会成群地聚集在一处繁殖，或者大群大群地栖息在树上。它们总是挺直身子站着，大多数时候都在地面进食。当它们在草地或灌木丛中奔跑着搜寻幼虫和水果时，强健的双腿显得非常有用。有一些种类，如生活在东非的栗头丽椋鸟，几乎什么都吃，从厨房里的剩菜剩饭到野外的腐肉。八哥的喙是直直的，而且非常坚硬，很适合在地面上搜寻食物。生活在印度尼西亚苏拉威西岛的蜡嘴雀则用又大又厚的喙，在腐烂的树干上筑起像啄木鸟巢一样的巢穴。八哥经常在树洞和裂缝中筑巢，但是，大多数八哥都会利用现存的树缝，比如废弃的啄木鸟巢。

▶ 这只辉椋鸟正在南非的水塘边饮水，它那富有光泽的羽毛反射出了色彩斑斓的光。许多生活在热带的八哥都有着闪闪发光的金属色羽毛，以及亮丽的色彩。

在这个家族中，最受欢迎的成员是欧洲八哥。在欧洲，这种八哥结成庞大的群体四处飞行，它们在栖息地留下的粪便甚至会危害到人们的健康。白天，它们小群小群地在开阔的乡野进食，到了夜晚，就聚集成庞大的群体——有时候数量多达几十万只。在欧洲，经常可以看到大量的欧洲八哥在城市中心飞翔（市中心的温度通常比乡村高），并降落在屋檐上或公园里的树枝上过夜。它们会发出持续不断的鸣叫声，甚至在喧闹的城市交通要道上也能听到。

欧洲八哥最初仅生活在欧洲，但是如今，它们已经被引入到世界各地。现在，在北美洲和澳大利亚，它们是一种农业害鸟。在田地里，大群的欧洲八哥会吃掉大量的谷物，还会对果树造成严重的危害。迁徙的八哥需要临时的巢穴，这就意味着它们可能把当地的鸟从巢中推挤出去，不劳而获地霸占它们的家园。在澳大利亚，由于八哥的到来，一些种类的鹦鹉的数量急剧下降。

亚洲八哥和卷尾

鹩哥是八哥家族中体形最大的种类之一。在乡野间，鹩哥也可能是一种农业害鸟，但是它们能够模仿人类的声音，因此受到了人们的欢迎。不过奇怪的是，它们并不模仿野外的鸟儿的叫声。在东南亚的巴厘岛上，生活着稀有的巴厘八哥。这种白色的鸟长着蓝色的眼圈，非常漂亮，然而，它们现在正由于栖息地被破坏以及被人类猎捕作为笼养鸟而面临绝种的危险。不幸的是，它们越珍稀，想要把它们养在笼子里据为己有的人就越多。

黄鹂是八哥的亲戚。它们是世界上最迷人的鸟儿之一，雄性黄鹂有着

▶ 这只栗头丽椋鸟正在展示它那五颜六色、闪闪发光的美丽羽毛。这种鸟在东非地区十分常见，它们通常在旅店附近和露营地向人们乞食。

秃鼻乌鸦的生活

　　秃鼻乌鸦是一种非常社会化的鸟，主要生活在欧洲开阔的农田上。它们在树梢上成群筑巢，制造出嘈杂的声响。

①哇
一只站在树枝上的秃鼻乌鸦展开了尾巴，身子朝前倾着，张着大嘴发出了嘹亮的叫声。

②茶余饭后
秃鼻乌鸦会用木棍筑起大大的巢，这些巢在光秃秃的树枝间十分醒目。科学家们推断，秃鼻乌鸦会在巢中交流关于进食地点的信息。

③满满的喉袋
在求爱仪式中，一只雌鸟正在向雄性表演乞食动作，这种动作会让雄鸟回忆起自己的童年时代。雄鸟的喉袋中塞满了食物，准备献给自己的伴侣。

④筑巢
秃鼻乌鸦会折断一些嫩枝，并将其带回去筑巢。它们会先用树枝筑起简陋的巢，然后再将苔藓、羽毛、草和树叶等柔软物铺在巢内。

⑤邀请
一只雄鸟正在向一只雌鸟求爱。雄鸟低着头，翅膀半张开，尾巴低垂。

⑥进食
在进食的时候，它们会分头行动，到田野上的各个角落搜寻蚯蚓。但是，如果一只鸟发现了一个食物丰富的地方，其他鸟也会迅速前来分一杯羹。

⑦暴跳如雷
一只秃鼻乌鸦摆出了攻击性的姿势。在进食的时候，这种鸟会严格遵循等级秩序。

黄色和黑色的羽毛，并且能发出像笛声一样动听的叫声。

　　八哥在北美洲和南美洲的亲戚是拟八哥和黑鹂，它们和八哥一样，也是非常社会化的鸟。有时候，上百万只红翅黑鹂会聚集在一起，对农作物造成很大的破坏。在中美洲和南美洲的森林里，生活着拟椋鸟。这种嘈杂的鸟很像大型的八哥，长着亮黄色的羽毛和栗色的斑点。

　　卷尾是一种生活在树上的鸟，有的体形很小，有的体形中等，它们长着短短的腿、粗短的钩状喙，还有一条长长的、卷曲或者分叉的尾巴。它们长着一身富有光泽的黑色羽毛，出没在非洲、中亚、澳大利亚和西太平洋岛屿上的森林中。这种鸟可以一边飞行一边捕食昆虫，也可以在植被丛中或者地面上觅食。

你知道吗？

圃拟黄鹂

　　冬天，在美国南部地区，褐花刺桐的花朵是成群的圃拟黄鹂的主要食用对象。

　　褐花刺桐开出来的花是折叠起来的，很难被打开，但是圃拟黄鹂，尤其是锈色的雄鸟，非常善于打开这种花朵并食用里面的花蜜。当花朵被打开后，雄蕊上的花粉就会沾在鸟的喉部和胸部。鸟会带着花粉造访下一朵花，于是就帮这种植物授了粉。这种鸟的脾气很坏，同伴之间经常会打架。

▲ 红眼绿鹃是一种体态娇小的树栖鸟，长着棕色、绿色、灰色和黄色的羽毛。它们以昆虫和植物果实为食，主要生活在中美洲北部地区和南美洲。

▲ 发现一只黄鹂并非易事。尽管雄性黄鹂的羽毛非常艳丽，但是它们行踪诡秘，通常都隐藏在光线斑驳的茂密树冠中。

你知道吗？

移动餐厅

牛椋鸟是八哥家族中的成员，在漫长的进化过程中，它们发展出了一种爱好——吃寄生虫。它们尤其喜欢吃扁虱，以及其他寄生在大型哺乳动物皮毛中的虫子。在非洲，人们经常能看到它们站在犀牛、羚羊和牛的背上，慢慢搜遍动物的全身，把那些令动物烦恼不已的寄生虫吃掉。同时，它们还充当着动物的"报警器"。当危险靠近时，它们会从动物背上飞起来，同时大声鸣叫。

山鸦善于飞行，它们有着宽宽的、指状的翅膀，能帮助它们驾驭悬崖上方的狂风。黄嘴山鸦主要在高山地区猎食蜗牛、昆虫、水果和腐肉，而红嘴山鸦主要在陡峭悬崖上的草丛中觅食——不过它们也有吃蚂蚁的独特喜好。

远近闻名的乌鸦

鸦科中包括一些最大、最有力量的栖木鸟。许多乌鸦都很漂亮，长着很有光泽的黑色羽毛。鹊和松鸦都是色彩鲜艳的鸟，长着醒目的黑色、蓝色和白色羽毛。其中毛色最为艳丽的是生活在东南亚的绿蓝鹊，它们有着漂亮的蓝绿色身体和黑色的面部，以及深红色的喙和腿。

鸦科鸟类很聪明，它们在科学家进行的鸟类学习能力测试中拔得头筹。它们也是世界上适应性最强的鸟类之一，如它们会很快发现在公路两侧，有很多动物尸体可以食用。所以它们既会在田野上觅食昆虫幼虫，也会沿着公路觅食。人们还曾经看到过乌鸦在城市中心觅食腐肉——尤其在亚洲，家鸦是很常见的。

渡鸦是一种野鸟，生活在遥远的北方，如崎岖的高山上、荒凉的沼泽地中，以及冰天雪地的北极荒原地带。它们的喙很有力，足以撕食大型动物的尸体，不过它们也吃很多其他种类的食物，比如昆虫和植物果实。它们非常聪明，深受生活在北极的部落中的人们的尊敬——它们能够在半空中觅食，能够背部朝下腹部朝上仰卧，能够用足和喙玩石头或木棍，还能表演飞行特技。生活在欧洲和西亚的寒鸦有着珠子一样的眼球，它们的羽毛是炭灰色的，颈部是浅灰色的。这是一种社会化的鸟，通常会成群筑巢，并集体出动，在草地上寻找昆虫和蠕虫。

有弹性的食管

　　生活在北美洲的冠蓝鸦的下腭非常强健，足以碾碎坚果。它们有着坚硬的头骨，可以减少震荡，还拥有具有弹性的喉咙和食管，里面能容纳2～3枚橡子，以及大约12枚山毛榉果实。秋天，它们觅食坚果，并将坚果从森林带回自己的领地。一只携带着坚果的鸟可以飞行好几千米的距离，然后再选择一处适当的地方将坚果埋起来，以备日后食用。这些储存起来的坚果能够帮助鸟度过整个冬天，而且还会余下一些，可以在春天喂养雏鸟。那些被遗忘的坚果可能会长成大树。科学家们相信，在1万年前，冰川消失后，正是冠蓝鸦通过转移坚果的方式，使橡树林迅速向北蔓延。

　　松鸦则会在秋天收集大量的橡果，并把其中一部分埋在地下，等到晚一些时候再吃。但是，它们常常会忘记自己埋藏坚果的地方，就这样，新的橡树生长起来。在这种鸟的活动范围内，可能会以这种方式长出整片树林。

◀ 这只冠蓝鸦嘴里叼着一枚橡子，喉咙里储存着另一枚橡子。这种鸟主要以收集坚果为食，但是它们也吃一些昆虫、小型哺乳动物、两栖动物，以及鸟蛋和雏鸟。

极乐鸟

对任何一种生活在新几内亚高地上的自尊的生物来说，极乐鸟曾经是它们最后的时尚代言人。但是，极乐鸟那令人惊异的艳美羽毛却很少用来作为华丽生活的展示。那些耀眼的室内装饰鸟，如园丁鸟，可能没有极乐鸟这般耀眼，但是它们的艺术爱好却是无与伦比的。

从 16 世纪开始，商人们就把一些大片的、五彩缤纷的羽毛，从东南亚地区带回欧洲。在 19 世纪，这种羽毛的交易达到了高潮。因为当时，人们用羽毛装饰帽子成为一种疯狂的时尚。为了让这些羽毛展示出更好的效果，猎人们甚至把鸟儿的皮肤连带腿足和翅膀一起砍下。这使人们对这种鸟儿有了一些奇怪的想法，他们认为这种鸟儿漂浮在天堂一般的极乐园中，它们不需要有四肢，直到死后掉落到地面上才会被人发现。因此，他们将这种奇怪而奇异的鸟儿命名为极乐鸟。

极乐鸟确实如它在神话传说中被描述的那样，别致而独特。它们大约有 42 个种类，几乎全都生活在遥远的新几内亚的山区丛林中。人们认为它们是八哥的远亲。这些鸟儿的大小各异，有的像一只画眉，有的像一只小乌鸦。雌鸟和小鸟的羽毛颜色都很单调，但是成熟的雄鸟有鲜艳的、奇异的羽毛，而且在它们进行求爱表演时，颜色还会变得更加艳丽。其中有一些奇异的种类，只有少数在野外工作的科学家才看到过。

▶ 很多极乐鸟都长有华而不实的羽毛，就像这种多冠风鸟的橘色羽毛一样。

五彩缤纷的"光谱"

大多数雄性极乐鸟都是"一夫多妻"（它们与多只雌鸟交配），它们的求爱舞蹈意味着它们要尽可能吸引更多的雌鸟。有一些种类会在丛林中一些特殊的公共场合里进行表演。有时候，伴随着它们的求爱舞蹈，会有奇怪的叫声和歌声。

这些雄鸟似乎都有大量的时间和精力投入这样的表演仪式，因为它们生活在一个天敌相对较少的环境中，而且拥有充足的食物——主要是水果和昆虫。这意味着雌鸟往往不需要雄鸟的帮助就能独立抚养幼鸟，而雄鸟也可以放心大胆地进行求爱表演，寻找配偶，不用担心被自己的天敌猎捕。

在动物王国中，雄性极乐鸟拥有最惊艳的颜色。例如，大极乐鸟的后背上有鲜艳的硫黄色（一种深黄色）羽毛，当它们伸展翅膀时，大片鲜艳的硫黄色就会包裹住它们整个身体。

许多极乐鸟的头颈和胸部的羽毛是一种奇怪的彩虹色，在求爱舞蹈的高潮中，这些羽毛会以一种特别的角度展开。例如，华美风鸟的头颈上长有天蓝色的羽毛，当这些羽毛伸展时，几

▲ 一只雄性蓝极乐鸟低低地晃动着，它在求爱表演中，用一种上下颠倒的姿势向雌鸟进行炫耀。在表演中，当它那像蓝宝石一样的羽毛振动时，还会伴随着一阵阵状如痛苦的叫声，这声音就像疯狂旋转的干衣机的声音。

高处的狂欢

　　雄性极乐鸟聚集在传统的树梢舞台上，成群表演。杂乱地拍打、跳跃，以及其他一些细微的姿势，混合在一起。

　　乎与它们的头颈成直角。在求爱舞蹈的高潮中，华美风鸟的颈上的羽毛会展开，并绕着头部形成漏斗状，远远比那华而不实的羽毛更吸引人。

　　在这群极为艳丽的鸟儿中，有一种威尔逊极乐鸟。这种鸟儿像画眉一样大，后背上有闪闪发光的深红色羽毛，颈项上的羽毛是绿色、黄色和栗色的，足部是亮蓝色的，更为奇特的是，在它的头顶上有一块"氖"蓝色秃皮。当雌鸟到达雄鸟在森林中的求爱展示区后，它会伸出自己那奇怪的、像电线一样的尾羽，胸部和颈部的羽毛也蓬松散开，从而把自己整个身体变成一个耀眼的复合色的"盒子"形状。

丛林中的咆哮声

对一些极乐鸟来说，长长的、令人印象深刻的羽毛，远远比它们的颜色更受人瞩目。在所有与自己大小差不多的鸟儿中，雄性绶带长尾极乐鸟的尾巴羽毛是最长的。萨克森极乐鸟有两片羽毛从头部伸出来，就像巨大的眼睫毛——这两片羽毛的长度是鸟儿体长的两倍。雄性十二线风鸟的侧翼上，分别长有六片羽毛，这些羽毛细得像金属线。在求爱表演中，这些羽毛直直地竖立在背上，就像混乱的蛛网。雄鸟似乎会用这些羽毛轻拂雌鸟的面部，鼓励雌鸟与它们进行交配。

在令人印象深刻的求爱表演程序中，有一些极乐鸟会提前展示自己鲜艳的颜色。其中最引人注目的是西部风鸟。这种鸟儿身上是黑色的，头顶是闪闪发亮的白色，它会在森林地面上清理出一块特殊的表演场地。当一些雌鸟聚集起来后，雄鸟就开始跳舞了。最初，它们只是奇怪地四处跳跃，但是，随着舞蹈逐渐进入高潮，它们会突然展开羽毛，制造出一种"舞蹈斗篷"。然后，它们会上下振动、原地跳跃。为了能够把头上伸展的羽毛旋转成圆形，它们还会痉挛似的左右摇头。

整场求爱舞蹈的效果相当奇特，完全不像鸟儿的行为。不过，雌鸟似乎对这些表演很着迷，舞跳得最好的雄鸟似乎也是在交配中最为成功的。颜色单调的小雄鸟在观看专横的成熟雄鸟表演前，会在"舞池"中练习自己的步伐。小雄鸟可能会用上好几年的时间观摩，不断完善自己的求爱舞蹈，最后才站在"舞台"的中心。在大多数极乐鸟中，雄鸟都不需要抚养幼鸟。

◀ 这只雄性六线鸟安静地栖息着，它已经适应了用一种奇怪的行为来吸引配偶。它会采用一种奇特的姿势，向侧面跳跃，同时一边点头，一边抖动颈项上的羽盔。于是，它头顶上那六根长长的羽毛就会不断颤动，形成一片薄雾般的效果。

▲ 在令人惊异的像棉花糖一样的白色羽毛中，一只雄性王极乐鸟用一种倒挂的姿势，来加深雌鸟对它的印象。和大多数同类一样，它生活在新几内亚的森林中。

▲ 尽管雄性王极乐鸟有生动明艳的鲜红色羽毛和白色羽毛，但是这种鸟儿通常都隐藏在茂密的雨林中。不过，当它在树梢上进行求爱表演时，却也会冒着被老鹰攻击的危险。

诱人的雕刻家

在极乐鸟生活的丛林中，人们还发现了另外一种独特的鸟——园丁鸟（造园鸟）。人们曾经认为园丁鸟和极乐鸟是近亲，但是现在，人们知道了它们只是远亲。大多数园丁鸟都不像极乐鸟那么艳丽，但是它们也进化出了一套独特的、吸引配偶的方式。它们是鸟类世界中的艺术家和装饰家。它们拥有这样一种技巧：它们能够用自己在森林中找到的物品，制造出奇异的展示品。它们用自己的"建筑物"和"收藏品"来加深雌鸟对它们的印象，并借此机会和雌鸟交配。几只雄鸟可能会在同一个地方建造自己的"凉亭"，雌鸟分别拜访每一个"凉亭"，判断它们的质量。除了在求爱表演中展现建筑技巧，雄鸟并不会参与筑巢，也不会抚养小鸟。

这种鸟儿像画眉一样大，约有 18 个品种。最有名的是缎蓝园丁鸟，雌鸟是绿色的，但是雄鸟长着有光泽的蓝黑色羽毛，还有鲜亮的像蓝宝石一样的眼睛。雄鸟会用树枝搭建一个特殊的平台——凉亭。在"凉亭"里面，它会把直立的树枝楔入进去，做成两面平行的"墙"，形成一

▲ 一只雌性缎蓝园丁鸟（左）正在检查准备用来交配的"手工巢"。雄鸟在爱巢中还铺了一层蓝色的收藏品——这可全都是它的个人财富，这些都是用来诱惑雌鸟交配的。

条"林荫道"。

有时候，它们会用浆果的汁液和木炭为这些枝条涂上颜色。在"凉亭"的地面和入口处，它们会小心地搁上一些颜色鲜艳的物件，像蓝色的浆果、蓝色的鹦鹉羽毛等。居住在城镇和花园附近的鸟儿，会"偷窃"亮蓝色的门闩、纽扣、瓶盖，以及其他一些物品，用来作为自己的收藏。

由于有高高的树桩，雄鸟有时候会从"对手"的"凉亭"上偷羽毛来加固自己的"凉亭"。它们偶尔还会破坏其他凉亭。偷窃羽毛并不仅仅在邻居之间很常见，有时甚至还会在鸟群中引发针锋相对偷窃羽毛的"斗争"。

▲ 这只雄性园丁鸟在对颜色进行选择和对比，它正在对自己的作品进行最后的完善。它用蜗牛壳、骨头和鹅卵石为"凉亭"制作了一个略泛白色的背景，那些花儿足够它办一桌盛宴。

▲ 在园丁鸟中，色彩最艳丽的一种是摄政园丁鸟。不过，它建造的"凉亭"并不吸引人。一般来说，园丁鸟的颜色越单调，造出来的"凉亭"越漂亮。

　　雄鸟在自己建的"凉亭"周围跳舞、叫唤，希望吸引雌鸟。它们需要用好几个月的时间来收集物品、建造凉亭，雌鸟却只有在森林里有足够食物，能够供它们成功养育幼鸟的时候，才会允许雄鸟和自己交配。

　　有一些园丁鸟并不艳丽，但它们却会建造出相当迷人的"凉亭"。斑点造园鸟会用树茎建造短短的"林荫道"，并用白色或绿色的骨头、石子、蜗牛壳、玻璃来装饰"林荫道"的两端。"凉亭"则用唾液与草汁的混合物涂成红色。

　　色彩单调的褐色园丁鸟建造的"凉亭"，看上去就像一间敞开的茅草棚屋。雄鸟会用好几天的时间清理森林地面，收集成堆的颜色鲜亮的物件，如花瓣、甲虫的翅膀壳、浆果等，并把它们整整齐齐地放在"凉亭"里面或者"凉亭"的周围。

　　另外一种园丁鸟——雄性齿嘴园丁鸟会清理出一块森林地面，并从一些特定的树上"砍下"大片叶子，把叶子盖在清理出来的地面上。当雌鸟前来参观时，它就会在这方"舞台"上跳舞、唱歌，同时，喙中衔着一串树叶。

▲ 在澳大利亚和新几内亚的森林中，园丁鸟正忙于建造"凉亭"。它们的凉亭各种各样，既有"林荫道"的形式，也有"棚屋"和"柱子"的形式。这只金园丁鸟和它建造出来的两个巨大的"塔"相比，简直就是一个侏儒——每一个"塔"都是在小树苗周围搭建起来的，并且用了苔藓作为装饰。